无线传感器网络路由与拓扑控制技术

吕艳辉　张德育　冯永新
张文波　张德慧　刘　猛　著

国防工业出版社
·北京·

内 容 简 介

  路由选择和拓扑控制作为无线传感器网络中的支撑技术是当前无线传感器网络研究领域的热点之一。本书在对常见的无线传感器网络路由协议以及拓扑控制算法进行介绍、分析的基础上，根据不同应用需求对相应的路由和拓扑控制技术进行了研究。

  本书侧重基本概念和基础技术，强调原理和方法。本书内容可作为高等学校和科研院所计算机及相关专业科研人员的参考文献，同时也可供从事该领域相关研究的硕士、博士研究生学习和参考。

图书在版编目（CIP）数据

无线传感器网络路由与拓扑控制技术/吕艳辉等著.
—北京：国防工业出版社，2018.3
ISBN 978-7-118-11321-1

Ⅰ. ①无…　Ⅱ. ①吕…　Ⅲ. ①无线电通信—传感器—计算机网络—路由选择—研究 ②无线电通信—传感器—计算机网络—网络拓扑结构—研究　Ⅳ. ①TP212

中国版本图书馆 CIP 数据核字（2018）第 056592 号

※

国防工业出版社出版发行

（北京市海淀区紫竹院南路 23 号　邮政编码 100048）
北京京华虎彩印刷有限公司印刷
新华书店经售

*

开本 880×1230　1/32　印张 6⅝　字数 195 千字
2018 年 3 月第 1 版第 1 次印刷　印数 1—1200 册　定价 79.00 元

（本书如有印装错误，我社负责调换）

国防书店：（010）88540777　　　发行邮购：（010）88540776
发行传真：（010）88540755　　　发行业务：（010）88540717

前　言

　　无线传感器网络指大量传感器节点随机部署在目标区域，通过自组网的形式组成网络，对监测目标区域进行长期监测，是采集信息、数据处理和数据转发一体的综合智能信息管理系统。在无线传感器网络中，传感器节点随机分布并以自组织的方式进行通信，节点将采集的数据信息发送至汇聚节点，以对客观物理世界进行感知和监控。

　　无线传感器网络应用非常广泛，不仅在国防军事、空间探索、环境监测、制造业等行业被普遍使用，而且在防恐反恐、抢险救灾等领域也有巨大的使用价值。进入 21 世纪后，在物联网、智能家居、智能楼宇、医疗卫生等方面也显示出越来越大的实用价值。正因为其应用价值巨大，所以获得了全世界的高度关注，成为如今的热点技术。

　　本书主要针对无线传感器网络中的路由和拓扑控制进行研究。路由技术主要包含两种功能，一是寻找从源节点到目的节点的路径，二是沿着该路径将要发送的数据从源节点发送到目的节点。良好的无线传感器网络路由技术不仅能够选择优化的路径传输数据，减小信息传输过程中节点的能耗，而且能有效均衡网络能耗、延长网络生命周期。拓扑控制技术旨在形成一个优化网络结构，主要功能为数据转发，并通过控制功率或邻居节点来满足网络的覆盖度和连通度。一个好的网络拓扑能够大大提高路由、MAC 等协议的效率，为数据融合、目标定位等其他技术提供有力支撑。因此，路由和拓扑控制技术作为无线传感器网络中的技术基础往往相辅相成，很难完全割裂开来。

　　本书第 1 章介绍无线传感器网络的基本概念、特点和应用，并指出现存的一些技术问题。第 2 章对无线传感器网络的路由协议进行分析。第 3 章和第 4 章对基于非均匀分簇的路由技术进行研究。第 5～7 章对基于地理位置的分簇路由技术（GPSR-EA）进行研究。第 8 章对无线传感器网络的拓扑控制技术进行了分析。第 9~11 章对非均匀分簇的拓扑控制算法进行研究。第 12 章和第 13 章对基于地理位置的拓扑控制技术进行研究。

　　本书内容主要来自于作者所在研究团队的共同研究成果。感谢团队成员沈阳理工大学通信与网络工程中心主任冯永新教授，感谢张德育教授、张文波教授以及张德慧和刘猛老师，感谢研究团队培养的硕士研究生邵俊平、孙宇鹭、李安莹、翟普，他们都以不同形式对本书的出版作出了贡献。最后，感谢国防工业出版社有关工作人员的帮助和支持。

　　本书获得辽宁省自然科学基金（20170540777）资助。

　　由于作者水平有限，加之本书所研究的内容仍处于不断的发展和变化之中，书中难免有错误和不足之处，恳请专家和读者批评指正。

作　者

2018 年 1 月

目　　录

第 1 章　绪论

1.1　无线传感器网络基本概念

传感器是人们量化地感知客观世界的一种手段。通过具有数据采集和处理能力的传感器装置，人们可以定量地测量客观物理世界的属性或参量，从而有可能把握客观世界的变化规律。传感器技术是信息社会的重要技术基础，目前已应用在各行各业，包括家居生活、医疗服务、环保与灾害预防预测，以及航空航天与能源交通等方面。随着微电子和 MEMS 制造技术的快速发展，传感器技术正向着微型化方向发展，而计算机与网络技术则使得传感技术朝着智能化、网络化、集成化的方向发展。如今，分布式传感技术正成为对复杂环境自适应检测的重要手段，而无线传感器网络技术是这种分布式传感技术手段的重要形式。1999 年，美国的著名《商业周刊》将无线传感器网络列为21 世纪最具影响力的 21 项技术之一；2003 年，麻省理工学院技术评论在预测未来技术发展的报告中，将其列为改变世界的十大新技术之一；《商业周刊》又在其"未来技术专版"中将传感器网络视为全球未来的四大高技术产业之一，称其将掀起新的产业浪潮。

无线传感器网络（Wireless Sensor Network，WSN）是计算机、通信和传感器等多领域技术相结合的产物，也是将信息获取（传感）、信息传输与信息处理三个过程进行融合的产物。无线传感器网络由大量密集分布的传感器网络节点组成，每个节点具有有限的计算处理、存储和无线通信能力，能够近距离感知周围的环境。节点之间通过无线电通信，并以自组织的方式构成网络，相互传递数据并发布给管理中心。

1

典型的无线传感器网络结构，通常包括分布式的传感器节点、汇聚节点、管理节点以及互联网或卫星等。在网络布置好后，传感器节点感知数据并以无线通信的方式直接或间接地传输到汇聚节点，然后由汇聚节点通过网络或者卫星发送到管理端，形成传感器网络的上行通信。同时，管理者也可以通过管理节点对传感器网络进行配置和管理，发布监测任务以及收集监测数据。

每一个传感器节点都包括：数据采集模块、数据处理和控制模块、通信模块和供电模块。在监测区域中，随着网络状态的变化，节点在网络中充当的角色也不同，可以是数据采集者、数据中转站或簇头节点。数据采集者利用数据采集模块收集检测对象的数据，并沿着其他传感器节点以多跳路由的方式传输，数据在传输的过程中可能会有其他节点进行处理和融合，最后到达汇聚节点。数据中转站可能会成为其他节点多跳路由的中继节点，除了数据采集外，还要为相邻节点提供数据转发服务，将数据转发到离汇聚节点更近的相邻节点或者直接转发到汇聚节点。簇头节点收集簇内所有节点感知的数据并进行数据融合，转发到汇聚节点。

对无线传感器网络的研究最早来自国防需求。1978 年，美国 DARPA 在卡内基-梅隆大学成立了分布式传感器网络研究课题组，拉开了无线传感器网络研究的序幕。同年的分布式传感网络会议则从总体上确定了其技术体制和基本特征。之后，许多高校纷纷进驻这一新兴的研究领域，如美国加利福尼亚州大学伯克利分校、南加利福尼亚州大学、麻省理工学院、加利福尼亚州大学洛杉矶分校、康奈尔大学等。2002 年，美国因特尔公司发布"基于微型传感器网络的新兴计算发展规划"，开始了"Smart Dust（智能微尘）"的研发。

在开发出 Mote 节点及相应的传感器网络系统的基础上，美国加利福尼亚州大学伯克利分校计算机系 Intel 实验室和大西洋学院联合开展了一个名为"in-situ"的海岛生态环境监控的项目。其中典型的实例就是对缅因州大鸭岛海燕栖息地的监控。

2002 年夏，"in-situ"研究小组在大鸭岛部署了由 43 个 Mote 节点组成的传感器网络。节点运行 TinyOS 操作系统，使用光敏传感器、数字温湿度传感器和压力传感器监测海燕地下巢穴的微观环境，使用低能耗的被动红外传感器监测巢穴的使用情况。整个应用研究取得了令人振奋的结果。

2004 年 3 月英特尔公司演示了家庭护理的无线传感器网络系统。该系统通过在鞋、家具和家用电器等家居用品和设备中嵌入半导体传感器，利用无线通信将各传感器联网，高效传递必要的信息，从而方便老龄人士、阿尔茨海默病患者以及残障人士接受护理。

目前，国际上对无线传感器网络进行了大量的研究，比较著名的研究机构和成果主要有：

（1）美国佐治亚理工学院（Georgia Institute of Technology），研究了无线传感器网络的传输层、网络层、数据连接层、物理层和任务管理调度等问题。

（2）麻省理工学院，研究无线传感器网络的数据管理和自适应的通信框架。

（3）美国加利福尼亚州大学伯克利分校，研究传感器网络的体系结构和安全的通信协议、操作系统和数据管理等，提出并设计了 Smart Dust、TinyOS 以及 TinyDB 等。这是目前最活跃的无线传感器网络研究团队。

（4）美国信息科学研究所，研究高度分布和动态重构的无线传感器网络中的可伸缩协同体系结构和网络服务 API。

（5）康奈尔大学，提出了把无线传感器网络看成是分布式数据库的思想，发表了持续查询（Continous Query）的传感器网络数据数据管理和获取方法，并基于这种思想，开发了基于嵌入式 Linux 的无线传感器网络数据库管理系统 Cougar。

（6）哈佛大学，提出了由多个无线传感器网络和多种应用组成的网络系统的基本体系结构，并实现了一个原型系统 HourGlass。

在国内，关于传感器网络的研究起步略晚，但目前已经越来越受到重视。国家发展改革委员会办公厅下发的"关于组织实施下一代互联网示范工程 2005 年研究开发、产业化及应用实验的通知"中，已将传感器网络（IPv6、无线传感器网络节点等）及家庭网络（面向数字家庭的网络处理芯片及家庭网关等）列为支持的重点。我国的一些高校与研究机构也已积极开展无线传感器网络的相关研究工作，主要有清华大学，中国科学院软件研究所与计算技术研究所、上海交通大学、浙江大学、哈尔滨工业大学、国防科技大学、武汉理工大学等。

1.2 无线传感器网络的特点

无线传感器网络集传感技术、无线通信技术、网络互联技术和分布式计算技术于一体，讲逻辑上的信息世界与客观上的物理世界融合在一起，改变了人与自然的交互方式，实现了物物互联，成为物联网以及智慧地球的核心技术。由于是由传感器节点以自组织的方式形成的，无线传感器除了具有 Ad-hou 网络所具有的动态拓扑、无中心自组织、多跳路由、能量和带宽受限外，还具有以下特点。

1. 资源受限

这主要表现在如下方面。

（1）电源能量有限。

传感器体积微小，每个节点只能携带有限能量的电池，而传感器网络部署的环境通常很复杂，甚至人员无法到达，从而使得更换电池或者充电变得不现实。

（2）通信能力有限。

表现为传输距离和通信带宽都非常有限。无线通信的能耗与通信的距离关系密切，通信距离的增加会导致能耗的急剧增加，因此，在能量有限的情况下，应尽量减小单跳通信距离。随着能量的变化，又受到自然环境因素的影响，无线通信可能会经常发生变化。传感器节点的无线通信带宽通常仅为几百 kbit/s 的速率，而传输距离不仅直接影响能耗，还与环境密切相关。山体、建筑等地势地貌和风雨雷电等自然环境都对传输信号的强度和距离有影响。因此，传感器网络长采用多跳路由机制。

（3）存储与处理能力有限。

作为一种微型嵌入式设备，传感器节点一般要求价格低、体积小，能耗少，因而其存储器的容量设置较小，其所携带的处理器能力较弱。

4

这与其需要有多协同任务能力的要求相矛盾。

2. 所受干扰更强

对为特定应用而设计的某些无线传感器网络而言，一方面，工作环境通常很恶劣，使得环境噪声干扰严重；另一方面，传感器节点分布很密集，使得节点之间的相互干扰更强。

3. 数据冗余度强

传感器网络是任务型的网络，用户使用传感器网络查询事件时，将所关心的事件直接通告到全网络，而网络在获得指定事件的信息后将数据反馈给用户。这种方式以数据本身作为查询或传输线索，因而成为以数据为中心的网络。由于传感器网络节点数量多、节点分布密度大，使得邻居节点的感知数据具有很强的相似性和冗余度。

4. 拓扑结构动态性

引起传感器网络拓扑结构变化的原因较多，主要如下。

（1）由于电能耗尽等原因引起传感器网络的节点失效。

（2）由于环境的屏蔽作用，无线通信的链路和带宽会变化，甚至中断。

（3）节点的位置发生变化，或者有新的节点加入。

此外，因为考虑节能而采用的节点休眠和路由优化算法等，也会引起传感器网络的拓扑结构变化。

5. 自组织性

这一方面是由于在许多应用中，传感器网络节点被随意撒布在人不易到达或者危险的地域，节点的位置不能预先精确设定，节点之间的相互邻居关系预先也不知道；另一方面，传感器网络的拓扑结构具有动态特性。一个具有自组织能力的网络，不仅可以自动进行网络的配置和管理，自动形成转发和检测数据的多跳网络，而且可以适应网络拓扑结构的动态变化。

6. 网络规模更大，但节点没有全局性标志

为了在特定的地理区域进行监测，通常采用随机部署的方式部署

传感器网络，其节点数量巨大，通常是成百上千甚至上万个，节点分布十分密集。传感器网络虽然可覆盖的地理面积更广，但是节点一般没有像 IP 地址之类的全局标志，每个节点只知道邻居节点的位置和标志，通过协作和多跳的方式进行信息处理和通信。

与传统网络相比，无线传感器网络有以下两大特征。

1. 以数据为中心

环境感知数据的处理和传送是整个无线传感器网络的核心，无线传感器网络中所有的功能都是围绕数据的接收、处理、发送和应用进行的。与目前互联网上通过 IP 地址查询和访问网上资源不同，用户在使用传感器网络时是将所关心的目标事件告知传感器网络，传感器网络在获取指定目标事件的信息后汇聚并汇给用户，用户无需知道数据是来自哪个传感器节点。

2. 高度面向应用系统

无线传感器网络的设计目标就是感知客观环境，获取环境的信息。不同的应用背景所处的环境不同，所关心的物理量也不同，因而对传感器网络的要求也各不相同。因此是高度面向应用系统的一类网络。

1.3　无线传感器网络的应用

无线传感器网络具有部署快速、节点密度大、自组织、较强的抗毁性和自愈性等优点，为其赋予了广阔的应用前景。其应用主要有以下几方面。

1. 国防军事领域

无线传感器网络因具有部署快速、自组成网、容错性强、隐蔽性强、抗毁性好以及自愈能力强等特性，特别适合运用于军事领域。运用无线传感器网络能够在条件恶劣的战场环境下实现以下功能。

（1）对已知装备、车辆、人员、火力配置、战场地形等信息进行实时收集，为战场决提供依据；

（2）向敌方撒播传感器节点，监视敌方兵力和装备；

（3）无线传感器网络拥有定位功能，因而可对目标进行定位；

（4）收集战前和战后战场信息，为战场评估提供依据；

（5）形成战场预警系统，实现对核攻击和生化攻击的监测，对可能受到的攻击发布预警。

2. 环境监测领域

在社会发展过程中不断凸显的环境污染问题，使人们对环境问题的关注度日益增加，环境科学所涉及的范围也越来越广泛。环境监测的对象通常都很特殊，如大气、水甚至昆虫、细菌等，这使得传统的采集数据的方法不再适用。无线传感器网络以"无处不在的计算"的新型计算模式，为获取野外随机性的研究数据提供了极大的方便，具体如下。

（1）生物多样性监控、野外动植物栖息地环境监控、跟踪动物的迁徙等。

（2）用化学或温度传感器监测森林，精确探测森林火灾的发生并迅速精确定位出火源。

（3）在可能排放化学污染物的重点区域部署传感器网络，实现污染物含量的监测和污染源的测定，避免人员直接进入污染区受污染源危害的风险。

（4）对降雨情况进行判定实现水灾预警和旱灾预警。

（5）实时监测空气污染（如微颗粒物等）、水污染以及土壤污染情况，并将数据即时发送到管理中心，为居民生活和出行提供指引以及为进行污染防控提供参考数据。

（6）无线传感器还可用于现代化精细农业监测，监测农作物生长的土壤、温度、湿度等信息，并随时根据监测的数据进行调节。

（7）监测海洋、大气、河道水文以及土壤成分及其变化，为环境科学研究提供基础数据。

3. 民用和工业控制领域

（1）医疗系统。

对患者的生命特征（如心跳、血压等）进行监视，甚至制成可食入性传感器，传感器进入患者体内采集各种信息，一段时间后可将食入的传感器排出体外；对患者进行远程医疗监控，为已出院但尚需观察的患者建立远程医疗监护系统；定位医生，方便随时联系；对医疗设备、药品的使用和流通情况等进行监控。

（2）家庭应用。

包括智能遥控、以个人计算机为核心的家庭智能系统、无线玩具遥控装置、入侵监测报警、智能环境监测等。

（3）工业控制与监测。

用于无线监控系统，工业控制领域需要运用大量传感器和执行器对大型生产线和功率设备生产状况进行监控，若采用有线通信方式，则由于数量庞大会导致开销巨大，而工业现场处理的多是变化不快的状态信息，对数据传输速率要求较低，因而无线传感器网络特别适合这种场景，同时又能大大降低成本。用于工业安全领域，在煤矿开发、化工、生物以及制药等领域，需要对压力、有害物质等进行实时监测，当数据偏离正常阈值时及时采取有效措施，防止安全事故的发生；对移动或者旋转设备进行监测，如对骑车轮胎的压力和温度等的监测。另外，无线传感器网络也可用于环境监控系统、仓库管理系统、博物馆系统、交通系统、车辆跟踪与定位、楼宇控制系统等。

4. 空间探索领域

探索宇宙的奥秘，展现壮美浩瀚的宇宙图景，纵览天文天体宇宙奇观，一直是人类不竭的梦想。但是，到目前为止，人类还无法到达或者长期在外太空工作。为了更好地了解天体的实际情况，可以通过火箭、太空舱或者探路者播撒传感器网络，对星球表面进行探测和监视，对获取的数据进行分析，为人类研究外太空提供基础数据。

1.4　现存技术问题

WSN 中的主要问题就是路由选择和拓扑控制，现已经提出诸多解决方案。无线通信的影响和传感器网络的特点使得保持路由的高效性的拓扑控制的有效性面临巨大的挑战,这些问题阻碍了应用于 WSN 中的现有针对无线自组网络开发的路由协议的发展。接下来,将对 WSN 中的路由选择和拓扑控制面临的挑战进行介绍。

1. 功耗

路由协议的主要目的是在传感器和接收机之间实现有效的信息传递。为此,在为 WSN 开发路由协议时首先需要考虑功耗问题。由于传感器节点能量受限,需要以最节能的方式进行数据传输,同时又不能降低传递信息的准确性。因此,许多传统的路由协议,如最短路径算法,将不再适用。应该研究 WSN 中引起高功耗的原因并需要研发新的低功耗路由选择的度量标准。在 WSN 中,引起功耗的主要原因可以归类为如下几点。

(1)邻节点发现。

许多路由协议要求相邻节点交换信息。而不同的路由算法将导致产生的信息不同。大多数的地理路由协议需要知道邻节点的位置信息,而以数据为中心的协议,可能需要每个传感器在其工作环境中的观测值。在不同情况下,各节点的功耗都是在信息通过无线介质交换时产生的,而这种方式增加了协议的总功耗。为了降低路由选择协议的功耗,应当在不影响路由选择精度的情况下减少局部信息的交换。

(2)通信与计算。

众所周知,计算造成的功耗要比通信少得多。此外,WSN 的目的是传递信息而不是传递某个数据包。因此,除了传统的分组交换,计算技术也应该被纳入到路由选择中以提高能效。例如,来自不同节点的数据在信息内容不被损坏的前提下被绑定到同一个数据包中以减少数据流量。同样地,在每个中继节点进行数据处理能够避免路由选择的信息冗余。

2. 可扩展性

WSN 通常有大量节点组成。为了有效地观察传感器网络的物理现象,可能需要高密度地部署节点。而大量节点阻碍了整个网络全局信息的获取。因此,由于分布式协议的运行缺乏对网络拓扑的认识,所以需要研发协议的可扩展性。另外,由于网络节点的密度高,局部信息交换也同样需要加以限制以降低网络的功耗。此外，由于综合信息比每个节点单独的信息片更重要，因此，在不增加功耗的前提下，路由选择协议应当支持网络内部来自节点的信息融合。

3. 寻址技术

由于网络中传感器节点的数量大，而无法为每一个节点分配唯一固定的地址。当局部的寻址机制仍然能够被用于相邻节点间的转发时，由于每次通信用独立地址开销很大，所以一般不选用基于地址的路由选择协议。并且因为这些解决方案需要网络中每个节点具备唯一地址，所以大多数自适应路由选择协议不适用于 WSN。此外，用户感兴趣的是来自多个传感器节点的关于同一物理现象的信息而不是来自单个传感器的信息。因此，需要提出新的无须每个节点都有唯一地址的寻址机制或者新的路由技术。

4. 鲁棒性

WSN 依靠网络内部中继节点以多跳的方式进行数据传递，所以这些传感器节点上运行的是路由协议而不是类似因特网中的专用路由器。而用于传感器节点上的低成本组件可能发生突发故障，严重时甚至导致传感器节点无法正常工作。因此，路由协议应该为单个节点提供鲁棒性，防止单个节点失效的情况，因为一旦节点失效，信息也就随之丢失了，路由协议还应确保协议的有效性不依赖于单个数据包，因为单个数据包极可能发展丢包。即使在非常恶劣的条件下，例如信道频繁出错，路由协议也能够在发送端和汇聚节点之间有效地传递信息。

5. 拓扑结构

WSN 的部署可以预先确定或者使用随机策略。虽然预定的拓扑结构能够用来设计更有效的路由选择协议，但是该拓扑结构却通常不适用于 WSN。因此，单个节点通常无法预知网络拓扑的初试结构。然而，相邻节点的相对位置和网络中各节点的相对位置对路由选择的性能有着明显的影响，因此，路由选择协议应当具备一定的拓扑感知能力，这样就能发现相邻节点并依此选择相应的路由。此外，在网络生存期中，其拓扑结构应能够动态变化。由于节能是很关键的，所以节点有时需要关闭收发机，反应到网络结构上就是将这些节点从拓扑中删除。当节点运行时，再加入到这个网络中。节点在运行和休眠状态之间的变化动态地影响传感器节点附近的拓扑结构。

WSN 的的拓扑结构通常被认为是静态的。但是接收机的可变性和目标的移动性所导致的动态变化会影响拓扑结构的变化和路由的选择。所以，路由协议也应该适应网络拓扑结构中的这些变化。

6. 应用

应用的类型也影响着路由协议和拓扑控制的设计。在监控应用中，节点经常周期传递信息给接收机。因此，在整个网络运行周期中，静态路由可以维持目标信息传递的有效性。在基于响应的应用中，传感器网络在大多数时段处于休眠状态。一旦有事件发生，应能够及时生成路由来传递事件信息。此外，由于事件地点的移动性，每次事件应能够产生不同路径。可以看出路由技术及拓扑控制和应用直接相关，不同的应用需要采用不同的路由和拓扑控制技术。

第2章 无线传感器网络节能路由技术分析

本章首先对无线传感器网络的相关技术进行分析，包括无线传感器网络、无线传感器网络体系结构和传感器节点的结构；其次，对无线传感器网络的几种典型的平面路由协议、层次路由协议和其他路由协议进行深入研究与分析，包括 LEACH 协议、LEACH-C 协议、HEED协议、GPSR 协议等。

2.1 无线传感器网络结构

2.1.1 网络体系结构

无线传感器网络由大量低功耗、体积微小、价格低廉，具有感知、计算、通信等功能的无线传感器节点组成，这些节点通过无线通信方式形成一种多跳、自组织、以数据为中心的网络系统，其目的是协作地感知、监测和采集监测区域内感知对象的信息，并对信息进行处理，然后传输给管理节点，最终发送给观察者。如图 2.1 所示，传感器节点协作地采集监测区域内的信息，然后通过无线通信方式，经过单跳或多跳将采集到的数据发送给 Sink 节点。Sink 节点再通过卫星、互联网或移动通信网将这些数据发送给监控中心。监控中心对接收到的信息作出相应的响应，以达到对监控区域的控制和管理的目的。

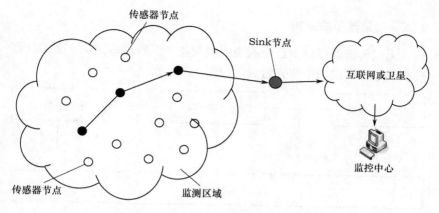

图 2.1　无线传感器网络体系结构

Sink 节点具有较强的存储、计算和无线通信能力，具有充足的电量。无线传感器网络与外部是通过 Sink 节点进行连接的，Sink 节点负责将无线传感器网络内的网络协议和外部网络的协议互相转换，以实现它们之间的通信，即传感器网络通过 Sink 节点将网络内感知到的数据信息发送给监控中心或接收监控中心发来的命令。普通传感器节点能量有限，存储、处理以及通信能力较弱，采集监测区域内的信息，并对其进行数据处理，共同将该数据发送 Sink 节点。

WSN 和传统的无线自组织网络的不同是，无线传感器网络大都分布在环境恶劣的或人类很难到达的地方，网络中传感器节点一般分布较为密集、数量巨大；节点资源有限，具有有限的存储、计算、通信能力，具有有限的电量。无线传感器网络通常用来监测环境变化、森林火灾、目标跟踪，也在智能家居、医疗护理等方面有特殊的用途。WSN 由大量传感器节点组成，这些节点通常由电池供电，而且很难更换电池或补充电量，因此，导致无线传感器网络与传统无线网络在能量有限性上的显著区别。无线传感器网络的这些特点对其路由协议提出了特殊的要求，如何提高网络节点能量利用率，设计能量高效的无线传感器网络路由协议，延长网络正常工作时间已成为专家学者研究的重点。

2.1.2 传感器节点结构

无线传感器网络节点一般由探测模块、无线通信模块、数据处理模块和电源模块四个部分组成，如图 2.2 所示。

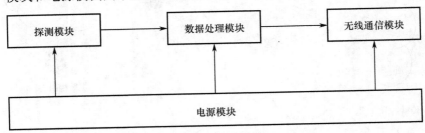

图 2.2　传感器节点结构图

1. 探测模块

探测模块主要负责感知和采集监测区域内监测对象的数据（如温度、湿度、光照等）并将其转换为数字信号传给处理器模块处理。该模块主要由传感器和模数转换器组成，是无线传感器网络与大自然直接沟通的环节。针对不同的监测需求，所使用的传感器类型也不同。

2. 数据处理模块

数据处理模块一般分为两部分，微处理器和存储器。存储器用来存储路由等信息，微处理器用来计算、处理信息。处理器模块综合管理存储、通信、感知等各模块的有效运行。一般由单片机或微处理器、嵌入式操作系统、应用软件等组成。

3. 无线通信模块

无线通信模块一般由无线收发器组成，负责数据的发送和接收，完成消息和数据的交换，实现传感器节点与其他节点的通信。无线通信模块一般具有功耗低、传输距离短的特点，常用的传输介质有光、射频或红外线灯。

4. 电源模块

电源模块的功能是为其他各个模块提供能量，没有能量其他所有模块就都无法工作，节点就会失效死亡。传感器节点通常由电池供电，且无法再次充电，由于无线传感器网络能量的有限性，节能性是每个与无线传感器网络有关的设计必须考虑的重要因素。所以，设计能量高效的无线传感器网络路由协议具有很大的意义。

除了一般传感器节点都具有的以上四个基本组成模块，因不同的需求还可能添加不同的其他辅助模块或辅助设备来完成特定任务。例如，需要获取精确位置信息的传感器节点可以添加定位模块对该传感器节点进行定位，需要能够改变位置的传感器节点可以添加移动模块来控制传感器节点的位置的改变等。总之，传感器节点在设计过程中应尽量降低成本、减小体积、减轻重量、提高能效。

如图 2.3 示，在传感器节点的这几个模块中，传感器模块和处理器模块消耗的能量都很小，通信模块耗能最大。通信模块消耗能量最大是在发送数据时，其次是接收数据，处于空闲状态时消耗的能量较少，处于睡眠状态消耗的能量最少。

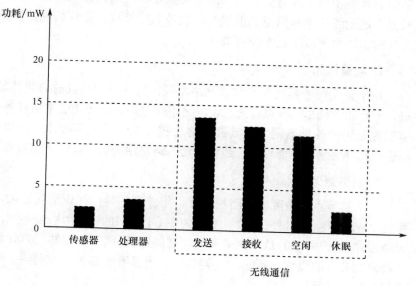

图 2.3　能耗直方图

2.2 无线传感器网络路由协议

2.2.1 路由协议特点

由于无线传感器网络节点的能力和资源十分有限，如何提高节点能量利用率、均衡网络能耗、延长网络正常工作时间是无线传感器网络设计的主要内容，而网络层协议和数据链路层的协议对无线通信模块的能耗有着较大的影响，因此，传感器网络研究的重点在于网络层和数据链路层的协议。路由协议是网络层的核心技术，负责寻找将数据分组从源节点发送到目的节点的路径并进行数据转发。良好的路由协议不仅能找到源节点和目的节点之间的优化路径，而且能将数据沿着该路径进行可靠安全的传输；不但能尽量提高单个节点的能量利用率，而且能使网络能量分布均匀，尽可能增长网络正常工作的时间。根据上述无线传感器网络的能量有限性及其他特点，无线传感器网络对其路由协议有以下几个特殊要求。

1. 能量优先

由于无线传感器网络与传统网络不同，传感器节点具有有限的能量，一旦能量耗尽，节点将死亡，网络将会分裂，无法完成通信任务。节能性是无线传感器网络对其路由协议提出的一个重要要求。所以，保证传感器网络的节能性是无线传感器网络路由协议设计的重要目标。

2. 以数据为中心

传感器节点数量庞大，随机部署，维护全网唯一标识消耗较大，而且，WSN 是任务型网络，以数据为中心，与 IP 等路由协议不同，WSN 路由协议关心的是节点采集或发送的数据，而不需要知道具体发送数据的节点的位置、地址、ID 等信息，所以不需要像传统网络一样维护全网唯一标识。

3. 基于局部拓扑信息

由于传感器节点通信能力较弱，传输距离较短，节点通常只能与距离较近的邻居节点进行通信,得到局部拓扑信息。在这样的实际情况下,如何实现简单、高效的路由,就成为 WSN 无线通信中的主要问题之一。

4. 冗余数据量大

通常监测区域内的传感器节点数量较多,密度较大,许多节点可能同时对同一个监测区域进行监测,所以,采集到的数据相似的概率很大,因此,传感器网络的冗余数据量较大。

5. 应用相关性

无线传感器网络路由协议并无优劣之分,每种路由协议都有其适合使用的应用场景。没有一个通用的路由协议能应用于所有场景,不同的应用对路由协议有不同的要求,所以无线传感器网络路由协议具有应用相关性。每一个具体应用,都要有特定的路由协议与之适应。

2.2.2 无线传感器网络路由协议分类

从不同的角度可以将 WSN 路由协议分为不同的类别,每种分类方式的侧重点不同。下面将从以下几个方面对 WSN 路由协议进行分类。

1. 网络结构

基于网络结构划分的路由协议,其网络中节点的连接方式和信息传输的方式都取决于网络结构。根据网络中节点的分布结构的不同,可以将无线传感器网络路由协议划分为平面路由协议和层次路由协议。平面路由协议中,每个节点地位相等,角色相同。层次路由协议中,网络中节点分为簇首节点和簇成员节点,簇成员节点将感知到的数据发送给簇首节点,簇首节点进行数据融合等处理后经过单跳或多跳发送给 Sink 节点。簇首节点负责管理簇成员节点、数据融合、簇间通信,消耗能量较大,通常选举剩余能量较大的传感器节点作为簇首节点,同时,为了均衡网络能量,周期性对簇首进行轮换。相对于层次型路由协议,平面路由协议无需维护簇结构,节省了开销。层次型路由协议相对于平面路由协议能有效提高节点能量利用率,增长网络正常工作时间,并能推迟网络中第一个节点死亡时间,而且有较好的扩展性。但在有些层次路由协议中,距离 Sink 节点较近的簇首节点承担了较重的数据转发任务，可能会较早死亡，造成"热点"问题。

2. 通信方式

从通信方式范畴来划分，WSN 路由协议包括基于查询的路由协议和基于协商的路由协议两大类。基于查询的路由协议中，当节点需要特定数据时，会发送一个询问，其他节点收到该询问后，查看自己监测到的数据，如果与该询问相符，则将该数据发送给发送请求的节点。基于协商的路由协议中，每个节点发送数据之前，先发送一个标识该数据的元数据，接收到该元数据的节点判断是否是自己需要的数据，如果需要，则回复请求消息，收到请求消息后，源节点将该数据发送给请求节点。

3. 基于拓扑

从是否基于拓扑方面，可以将 WSN 路由协议分为基于地理位置的路由协议和基于动态代理的路由协议。前一种路由协议可以利用节点的位置信息将数据发送给特定区域，而不是发送给整个网络，同时，可以根据地理位置信息找到到达目的节点的最优路径以最小化节点的能耗。而基于动态代理的路由协议可以根据环境条件独立自主地、灵活地完成一个任务，为网络提供了更多的灵活性。

4. 是否提供可靠性

提供可靠性的路由协议通常在负载均衡、是否满足特定的 QoS 指标方面表现得更好。根据是否提供可靠性，路由协议主要包括基于多路径的路由协议和基于 QoS 的路由协议两类。基于多路径的路由协议更有利于负载均衡，同时路由健壮性更好。基于 QoS 的路由协议中，发送给 Sink 节点的数据通常能满足特定的质量要求。

2.3 平面路由协议

平面路由协议中每个传感器节点都相同，具有同样的功能、角色、地位，共同协作完成数据的采集和转发等任务。平面路由协议减少了维护网络层次结构的开销，健壮性较好，但冗余数据较多，不利于节约能量，扩展性不好，不适合大型无线传感器网络。

2.3.1 洪泛路由协议和 Gossiping 协议

洪泛路由协议（FLOODING）属于比较经典的平面路由协议，每个节点不需要获取邻居节点及整个网络中其他节点的位置、能量等其他信息，当有数据需要发送时，节点在一跳范围内进行广播，接收到信息的邻居节点再把该数据广播发送给它的邻居节点，反复进行，当数据发送到目的节点或达到规定的最大跳数时，则不再往下进行。这种路由健壮性强，实现简单，节点不需要存储过多的路由信息。但是洪泛路由协议容易产生信息内爆和数据重叠两大致命问题，造成大量冗余数据的传输，浪费了网络资源，降低了节点能量利用率。

节点 A 通过广播发送数据给它的所有邻居节点 B、C，接收到数据 B、C 再将数据发送给它们各自的邻居节点，而节点 D 是节点 B 和节点 C 共同的邻居节点，所以节点 D 将收到两次来自节点 A 的信息，这种现象称为信息内爆现象，浪费了大量的网络和通信资源，降低了网络利用率。

数据重叠是指收到监测区域内的多个节点发送的相似度很高的重复信息。例如，节点 A、B 同时负责对区域 O 的监控，则两者采集到的区域 O 内的信息也近似相同，称这种情况为数据重叠。

显然，FLOODING 路由协议造成了极大的资源浪费，不适合节点自身能量有限的无线传感器网络应用环境。

Gossiping 协议对 FLOODING 进行了改进，接收到的数据包的节点随机将该数据包发送给除发送给它数据包的节点之外的所有其他邻居节点，它的邻居节点收到数据包后再继续随机发送给自己的邻居节点，但是随机转发的方向可能距离目的节点越来越远，所以，Gossiping 协议节省了能量，但有可能比洪泛路由协议的传输时延更长。Gossiping 协议相对于 FLOODING，有效地缓解了信息内爆，但还是存在信息内爆、重叠和资源浪费问题，而且可能会使端到端时延增大，造成分组丢失。

2.3.2 SPIN 路由协议

SPIN（Sensor Protocols for Information via Negotiation）是一种基于协商的路由协议。它包含三种类型的消息，即 ADV、REQ 和 DATA，通过协商机制在节点之间传输数据。SPIN 协议在发送数据之前，传感器节点先广播含有描述 DATA 的简短消息 ADV，其他节点收到 ADV 消息后，判断是否是自己需要的信息，如果是，则回复 REQ 请求消息给发送节点。发送节点收到请求消息后，才发送整个数据消息给该节点。SPIN 协议充分体现了"以数据为中心"的设计理念，在发送数据前，先通过发送 ADV 信息判断是否是需要的数据，从而决定是否发送，避免了网络中不必要的数据传输。SPIN 是较早提出的以数据为中心的路由机制，被看做是第一个典型的以数据为中心的路由协议。

由于在发送数据前先发送比实际数据长度短的 ADV 消息与节点进行协商，和 FLOODING 路由协议相比，SPIN 协议避免了不必要的信息传输，提高了节点能量效率。但由于 SPIN 协议在数据传输前先要相互发送信息进行协商，造成了额外的数据发送和能量消耗，增大了时延。同时，SPIN 协议仍存在一些缺点。

（1）由于 SPIN 中，每个节点只知道自己一跳范围内邻居节点的信息，所以拓扑变化只在局部范围内可知，若远距离节点对该信息感兴趣但其所有邻居节点都不需要该信息将导致该远距离节点无法收到该信息，会出现"信息盲点"，造成信息空洞；

（2）Sink 节点周围的节点由于信息的大量传输造成能量的过快消耗；

（3）每个事件都需要全网广播，造成很大的浪费；

（4）当网络规模较大时，存在信息内爆现象；

（5）网络扩展性不好。

2.3.3 DD 协议（定向扩散路由协议）

基于查询的定向扩散路由协议（Directed Diffusion 协议）的主要思想是利用实际数据的属性来描述实际数据，通过将能描述实际数据的属性在网络中广播来进行数据的传输。在 DD 中，网络通过"兴趣"

来描述所需要的信息，当用户需要某类信息时，Sink 节点就会在全网内广播"兴趣"，"兴趣"描述了所需要的实际数据的属性列表，"兴趣"可能会沿不同的路径到达传感器节点，节点查询自身是否具有"兴趣"所描述的信息，如果具有则将该信息传输给 Sink。"兴趣"发出一段时间后，Sink 节点就会收到其他节点发来的数据，收到信息后，Sink 节点向该节点发送"路径加强"消息，提高该路径成为所选择的最优路径的概率，该消息沿着该路径到达发生"兴趣"源节点，这条路径也成为主路径。DD 路由协议的工作过程通常包括 4 个步骤，其详细描述如下。

（1）Sink 节点通过洪泛方式将不同的"兴趣"发送到全网或局部网络的传感器节点，"兴趣"描述了所需要信息的属性，即用户想要获得的信息的属性，如监控区域中环境的温度、湿度、突发事件等；

（2）节点收到"兴趣"后，建立自身到发送该"兴趣"的源节点的梯度；

（3）重复执行（1）（2）两个步骤，直到在整个网络都建立起梯度；

（4）传感器节点需要某类数据信息时，根据描述该信息的"兴趣"进行查询，节点收到查询信息且采集到的信息与查询所需求的信息相同时，就会沿着梯度所建立的路径将该信息传输给对它感兴趣的节点，Sink 节点收到其他节点发来的"兴趣"后，将发送"路径加强"消息到节点以强化该路径，提高该路径被选择的概率；

（5）后续传感器节点采集到与兴趣匹配的信息后将沿着强化路径发给 Sink 节点，中间节点会根据收到相同数据的程度，实现数据融合，再传输给汇聚节点，DD 协议也是一种典型的以数据为中心的路由协议。

2.3.4　EAR 算法

能量意识路由算法（Energy Aware Routing，EAR）是一种基于事件驱动的路由算法。基站广播初始化报文，初始化报文的数据格式中包含到基站的路径代价信息，当节点收到初始化报文后，会将自己到转发节点的路由代价加入到总代价之中。因此，每个节点都能够存储到基站的多跳路径，并能够计算出每条路径的代价，节点按照一定的概率选择一条路径将监测信息转发到基站。当网络中某个节点的能量低于预设值时，节点会避免选择这个节点转发数据，通过局部广播的方式更新路由。能量意识路由算法并不是单一的选择最优路径，而是维护多条路径，并通过概率的方式选择不同的路径进行数据报文的转发，因此，能够有效均衡节点能耗，延长网络生命周期。

2.4 层次路由协议

层次路由协议中，网络通常被划分成大小相同或不相同的簇，簇内节点分为簇首节点和簇成员节点两类，簇成员节点将采集到的数据发送给簇首节点，簇首节点对收到的数据进行融合等处理后发送给 Sink 节点。簇首节点负责管理簇成员节点、进行数据融合并通过簇间路由将数据转发给 Sink 节点，通常需要消耗更多能量，所以一般采用簇首节点周期性轮转的方法来均衡网络中簇首节点的能耗。专家学者们的大量研究表明，层次路由协议相对于平面路由协议具有更好的节能性。此外，层次路由协议使节点的只需要维护簇内节点路由信息，不需要掌握全网所有节点的信息，简化了路由表，缩减了路由表的维护开销。

2.4.1 LEACH 路由协议

低功耗自适应聚类路由算法（LEACH 算法）是最早的也是较典型的分层路由协议。LEACH 协议采用分布式簇首选举方式，从网络的节点中随机选举某些节点作为簇首节点，其他节点作为簇成员节点；簇首节点发送成为簇首消息，其他节点选择接收到的信号最强的簇首节点加入，形成簇；普通成员节点采集数据并将数据传送给簇首，簇首对接收到的数据进行融合处理后，经过单跳通信传输给 Sink 节点。由于簇首节点承担的任务较重，包括管理簇成员节点、收集成员节点发来的数据、进行数据融合和簇间转发，所以，为了均衡为了节点的能耗，簇首节点周期性轮换，簇结构也周期性更新。

LEACH 算法的基本思想是将网络分为大小相对均匀的簇，簇首节点周期性地轮转。每个周期称为"轮"，每一轮分为两个阶段：簇建立阶段和稳定的数据传输阶段。

1. 簇的建立阶段

在簇的建立阶段，各节点产生随机数 t（$t \in [0, 1]$），并根据式（2-1）计算阈值 $T(n)$，将随机数 t 与 $T(n)$进行比较，如果比 $T(n)$小，则当选为簇头。

$$T(n) = \begin{cases} \dfrac{p}{1 - p * (r \bmod \dfrac{1}{p})}, & n \in G \\ 0 & , & n \notin G \end{cases} \tag{2-1}$$

式中　p——网络中簇簇首节点所占的比例；

　　　R——当前的选举轮数；

　　　G——由最近 $1/p$ 轮未当选过簇头的节点构成的集合。

每轮都选择比例为 p 的节点成为簇首节点，已经当选过簇首的节点在以后轮中就不能再当选为簇头，避免某些节点多次当选簇头节点，能量消耗过快。在 $1/p$ 轮后，几乎所有节点都当选过簇头，且它们的剩余能量相同，簇头节点周期性进行轮转，重新选举簇头节点，簇结构重组。当选为簇头的节点广播簇头消息，其余节点接收到后，选择信号最强的簇头节点发送请求加入信息，形成簇。

2. 数据传输阶段

簇建立完成后，簇首根据接收到的加入请求信息为簇内成员节点分配时隙，然后将时隙表发送给每个簇成员节点。在稳定的数据传输阶段，成员节点在属于自己的时隙内，发送数据给簇头节点，在其他时隙处于休眠状态以节省能量。

相对于传统网络，LEACH 使用簇结构，可以利用数据融合技术有效减少信息发送量，同时，传感器节点不用维护信息量较大的路由表，能有效提高节点能量利用率，延长网络正常工作时间。同时，层次结构提高了无线传感器网络的扩展性。但 LEACH 协议存在以下不足：簇首节点单跳将数据发送给 Sink 节点，可能因长距离数据传输而消耗大量能量；簇形成和频繁的簇重组过程中增加了额外的通信开销；簇首节点的选择具有一定的随机性，同时未考虑到地理位置、剩余能量等其他因素。

2.4.2 LEACH-C 路由协议

LEACH-C 协议是一种在 LEACH 协议基础上进行改进的协议，它使用集中控制选择簇首机制，由 Sink 节点采集网络全局信息后根据某种策略选举簇首并完成网络簇的形成。在簇的形成过程中，网络中所有节点获取自身的位置（通过 GPS 定位装置或某种定位算法）和能量信息并将其发送给 Sink 节点。Sink 节点收到其他节点发来的信息后，计算网络中节点的平均能量，若节点能量低于网络节点平均能量则退出簇首选举。根据节点的信息，Sink 节点按照模拟退火算法选出簇首节点，使簇成员节点发送数据给相应簇头节点所需能量最小化。然后 Sink 节点在全网广播簇头节点 ID。接收到 Sink 节点消息的普通节点将自身 ID 与消息中簇头 ID 比较，如果自身 ID 与消息中簇头 ID 相同，则该节点是簇头节点，否则该节点成为簇成员节点，转入休眠状态直到它所在的时隙到达。LEACH-C 协议的稳定数据传输阶段与 LEACH 协议相同。

相对于 LEACH，LEACH-C 有下列提高：通过 Sink 节点根据网络全局信息集中控制分簇使得产生的簇分布更均匀、能量更有保证、更合理，使得节点在收发消息过程中消耗更少的能量；同时，有效避免了 LEACH 中簇头节点地理位置、数量的随机性，考虑了节点的能量等信息，优化了分簇机制。但 LEACH-C 中所有节点需要将自身信息发送给 Sink 节点，增大了数据发送量，加大了额外开销。

2.4.3 PEGASIS 路由协议

PEGASIS 协议（Power-Efficient Gathering in Sensor Information Systems，PEGASIS）借鉴了 LEACH 的分簇思想。与 LEACH 多个簇的结构不同，PEGASIS 是一种基于链状结构的路由协议。该协议基于

24

所有节点的地理位置采用贪婪链协议（A Greedy-Chain Protocol）将节点组织形成链。当有数据要发送给 Sink 节点时，数据通过链从一个节点到另一个节点依次传递，转发数据时选择距离自己最近的邻居节点，最终通过选举出的链头节点发送数据给 Sink 节点。每个节点都具有数据融合的功能，能够将自身采集的信息和从邻居节点接收到的信息进行数据融合，这样有效减少了数据传输量。在每轮通信中，链上的节点轮流作为头节点。

与 LEACH 相比，PEGASIS 协议采用建立链并选取一个头节点将数据发送给 Sink 节点的结构，避免了频繁组簇以及频繁选举簇头从而减少了能量消耗，链上节点总与距离最近的节点通信，多跳模式也节约能耗。但仍存在一些缺点。

（1）每轮只选一个头节点与汇聚节点通信，造成头节点能量损耗过快，可能会成为系统的瓶颈；

（2）该算法中，每个节点需要知道所有节点的位置信息，维护位置信息比较困难，增大额外开销；

（3）远距离节点传输延迟较长，实时性不好。

2.4.4　HEED 路由协议

HEED（Hybrid Energy-efficient Distributed Clustering）路由协议也是在 LEACH 协议基础上提出的改进协议。相对于 LEACH，HEED 协议使网络中簇首节点的选择更合理，同时，通过使网络中能耗分布更均衡以增长网络正常工作时间。

HEED 算法通过设定主、次两个参数来选举簇首，这两个参数的设定分别考虑两个方面的因素：第一，节点的剩余能量多少；第二，节点的分布问题。其中主参数取决于节点的剩余能量，通过主参数的设定可以使剩余能量多的节点成为簇首节点的可能性更高，同时，可以使算法的收敛速度加快。次参数主要由簇内的通信代价来决定，一般通过簇内平均可达能量计算和衡量的。由于簇内节点随机分布，可能出现分布不均匀的情况，需要考虑簇内的节点密度情况。当某个节点处于多个簇范围内时，可以通过次参数值的大小来决定最终加入哪个簇。同时，当同一个区域中存在多个候选簇首节点时，它们可以通过次参数值来竞选最终簇首。因此，HEED 协议能有效保证网络中的簇头节点分布更均匀，使能耗在整个网络中均匀分布来延长网络生存期。HEED 中，每个节点以不同的起始概率 CH_{prob} 发送竞争消息，起始概率可以根据式（2-2）确定：

$$CH_{prob} = \max(C_{prob} + E_{resodent} / E_{max}, p_{min})$$ （2-2）

式中　　C_{prob} 和 p_{min} ——网络的统一参量，算法收敛速度受到它们的影响，通常取 $p_{min} = 10^{-4}$、$C_{prob} = 5\%$；

　　　　$E_{resodent} / E_{max}$ ——节点的当前剩余能量和初始化能量的比值。

簇首竞选成功后，其他节点根据自身保存的数据加入合适的簇。

HEED 算法在簇首选择标准以及簇首竞争机制上考虑能量开销因素，相对于 LEACH 更有利于簇头的均匀分布和加快成簇速度，同时将节点的剩余能量作为参量进行簇首的选择，使得选出的簇头更适合承担数据转发任务，使整个网络能量分布更均衡，形成的网络拓扑更加合理，全网能量消耗更均匀。但同 LEACH 一样，簇首节点经过一跳将数据发送给 Sink 节点，容易造成簇首节点单跳远距离通信耗能过大，过早死亡的问题。

2.4.5　EEUC 路由协议

EEUC 协议是一种分布式的、非均匀分簇算法。首先，EEUC 算法以概率 T 在网络中选出部分节点成为候选簇头节点参与竞选，普通成员成为候选簇头的概率 T 是一个预先设置的阈值，其他节点进入睡眠状态，直到簇头选举过程结束。每个候选簇首 S_i 根据自身到 Sink 节点的距离计算其竞争区域，竞争半径 R_c 的计算式如式（2-3）所示：

$$R_c = \left(1 - c \cdot \frac{d_{max} - d(S_i, Sink)}{d_{max} - d_{min}}\right) \cdot R_0$$ （2-3）

式中　　R ——候选 CH 竞争半径的最大值，$c \in (0, 1)$，是用来控制竞争半径取值范围的参数；

　　　　d_{max}、d_{min} ——与 Sink 节点距离的最大、最小距离；

$d\left(S_i, BS\right)$——S_i与 Sink 节点之间的距离，候选簇首的竞争半径的范围在$\left(1-c\right) R_0$到R_0之间。

竞争半径与到 Sink 节点的距离呈线性递减关系，越靠近 Sink 节点的候选簇首的竞争半径越小，即随着候选簇首到 Sink 节点距离的减小，其竞争半径 R_c 随之减少。该算法的目标是让靠近 Sink 节点的簇规模较小，使得簇首节点能够保存能量供簇间数据的传输使用。

EEUC 通过将网络分成大小不同的簇，使得距离 Sink 节点越近的簇规模越小，减小了簇内通信开销，为簇首节点保留能量用于大量的簇间数据转发，有利于均衡网络能耗，避免"热点"问题的出现，延长网络时延。但 EEUC 还存在以下不足。

（1）在对网络进行非均匀分簇过程中只考虑了簇首节点到 Sink 节点的距离，没有考虑簇首节点的剩余能量，将导致能量较少的节点继续担任簇首，消耗大量能量，更快地死亡；

（2）没有考虑节点的密度，虽然簇的半径很小，但由于节点分布比较密集从而无法达到均衡网络能耗的目的。

2.4.6　TEEN 算法

TEEN（Threshold Sensitive Energy Efficient Sensor Network Protocol）算法是对 LEACH 算法的改进算法，在簇首选举阶段，采用和 LEACH 算法同样的方法，但在数据传输阶段，引入了两个门限值，软门限和硬门限。在 TEEN 中，硬门限是用来对目标区域兴趣信息感知的一个阈值，只有当兴趣信息超过硬门限所设定的阈值时，节点才可能向基站过汇聚节点传递数据报文。软门限表征目标区域兴趣信息的变化幅度的大小。

首先簇首节点设置好软门限和硬门限之后，会将两个门限值广播出去。当兴趣信息第一次大于硬门限时，节点重新设置新的硬门限的阈值。当节点再次感知到大于硬门限的兴趣信息，并且两次兴趣信息的变化幅度大于软门限时，节点开始将数据报文向基站或汇聚节点传输，并重新设置新的硬门限的阈值。

TEEN 算法通过两个门限的过滤，可以大大降低数据报文传递的数量和大小，减小不感兴趣数据报文的通信能耗，延长网络生命周期，适用于监测突发事件的网络模型。但对两个门限阈值的设置，需要深入了解兴趣报文，从而确定节点的敏感程度。

2.4.7　TopDisc 算法

TopDisc（Topology Discovery）算法，用颜色来标记节点的状态，解决骨干网拓扑结构的形成问题。TopDisc 算法通常应用在节点分布比较稠密的网络结构中，通过不同颜色标记很快的将节点分成不同的簇，并在簇首之间建立树状的拓扑结构。算法提出了两种算法：三色算法和四色算法，它们都是通过颜色标记来确定簇首节点。

对于三色算法，用白色、黑色和灰色分别表示节点的三种类型：未确定、簇首节点、簇内普通节点。算法启动时，所有节点都初始化为白色，算法执行结果是节点被划分成黑色和灰色节点，形成了簇并选举出簇首节点。

四色算法增加了深灰色类型，代表未被覆盖的节点。TopDisc 是早期经典的分簇算法，对于节点分布密集的传感器网络，该算法的能较快的成簇，并在簇首之间形成虚拟骨干网的转发结构。但算法在选择簇首节点上，也没有考虑节点的剩余能量，建成的层次型网络灵活性不强，执行算法的能量消耗大

2.5　基于地理位置的路由协议

2.5.1　GPSR 路由协议

贪婪周边无状态路由转发协议（Greedy Perimeter Stateless Routing，GPSR）是一种基于地理位置的路由协议，通过使用贪婪算法寻找下一跳节点来建立路由，网络中每个节点都维护一张邻居表，包含该节点一跳传输范围内所有邻居节点的 ID、地理位置等信息。节点通过周期性地向邻居节点发送信标来检测邻居节点是否失效或是否有新节点加入，更新邻居表。当节点有数据要发送时，通过查看邻居节点的地理位置信息，选择邻居表中距离目标节点最近的邻居节点作

为下一跳节点，直到发送到目的节点为止。如果在邻居表中没有比自身距离目的节点更近的邻居节点，即遇到路由"空洞"时，GPSR 将进入周边转发模式，采用右手定则选择下一跳。如果在数据包传送到某一节点后，其与目的节点的距离小于目的节点与进入"空洞"的节点的距离，则重新回到贪婪转发模式。

GPSR 根据局部的地理位置信息实现数据转发，不用维护整个网络信息，降低了开销。此外，每次都选择距离目的节点最近的邻居节点作为下一跳，缩短了通信路径，减小了网络时延。但 GPSR 主要有以下缺陷。

（1）只考虑距离因素，没有考虑该节点的剩余能量，容易造成"热点"问题和单路径问题，使网络能耗负载不均衡；

（2）在边界转发模式下，采用右手定则选择的路径跳数可能增多，路径增长，加大了链路开销，增大了时延；

（3）选择下一跳节点时，没有考虑到达下一跳节点的链路的质量和链路代价，沿链路质量较差的路径转发数据可能导致数据重传，增加网络时延，加大丢包率，增大网络能量的不必要消耗。

2.5.2　GAF 路由协议

GAF（Geographic Adaptive Fidelity）路由协议是基于位置的能量感知路由协议，是基于 Ad-hoc 网络的一种路由算法，但它对无线传感器网络也有一定的可用性。与其他基于位置的路由协议一样，GAF 的前提条件是每个节点的地理位置已知。算法的主要思想是：首先将网络划分为固定数目的虚拟分区，网络中每个节点将自身地理位置信息与虚拟网格中某个点关联映射起来并计算自身所属的分区；在每个区域内选出一个节点在某一时间段内处于活动状态，其他节点进入睡眠状态，活动节点负责监测所在区域内的信息并报告数据给 Sink 节点，如图 2.4 所示；经过一段时间后，所有节点重新选举值守节点。

虽然 GAF 作为位置路由协议存在，但它将网络划分为一定数量的虚拟网格，在每个网格中有一个簇首节点负责与其他网格或 Sink 节点通信，所以，GAF 也属于层次路由协议。在每个区域中，簇内节点

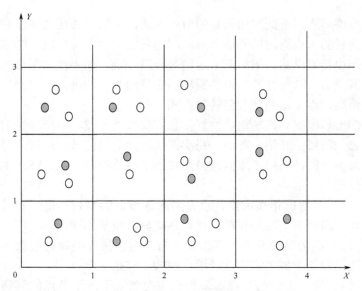

图 2.4　GAF 算法网格划分示意图

彼此协作，并扮演不同的角色，簇首节点是唯一处于活动状态的节点，其他节点都处于睡眠状态，降低能量的消耗。相对于 LEACH，GAF 把监测区域划分为规则的单元格，使得形成的簇结构更均匀，簇首节点的分布也相对均匀。

2.5.3　GEM 算法

GEM（Graph Embedding）算法是以数据为中心的基于地理位置的算法。它将网络中节点看成以 sink 节点为根节点的环树，建立虚拟的极坐标系。每个节点都可以用与根节点的角度和到根节点的跳数来标识，在网络所有节点组成的树状拓扑中，节点与根节点之间的路由跳数越少，其知道的拓扑结构信息量就越大。当节点不知道到目的节点的转发下一跳节点时，就会把数据报文向根节点的方向传递，直到保存有到目的节点路由表的节点为止。GEM 算法的树状拓扑结构，是从 Sink 节点开始创建，通过向周围广播 hello 报文的方式，建立覆盖整个网络的环树结构。GEM 算法并不是直接使用节点的地理位置信息，而是将其转化为相对简单的逻辑拓扑。网络中节点地理位置的变化，会造成逻辑拓扑结构的相应变化，而 GEM 算法中对树状拓扑结构的调整比较复杂。所以 GEM 算法一般不会应用在移动 Ad-hoc 网络中，而是通常应用于拓扑结构更加稳定的无线传感器网络中。

2.6　无线传感器网络路由算法的评价指标

随着无线传感器网络技术的研究和发展，学者们提出越来越多的针对无线传感器网络的路由算法，各个算法的侧重点不同，适用于不同的网络模型。当一个新的算法被提出来的同时，需要对该算法的性能进行评价。目前常用无线传感器网络路由算法的评价指标有以下几个方面。

1. 能效性

由于无线传感器网络节点采用能量有限电池作为电源，并且一般采用大规模部署，对传感器节点更换电池将会变得非常困难，有时进行人力更换的成本甚至大于节点本身的成本。为了最大化无线传感器网络的工作时间，最大限度地节省节点的能量是路由算法设计的首要指标。

2. 节点能耗均衡性

在节点能量有限的情况下，如何最大化网络生存周期，提高网络工作的时间，除了降低节点的能耗之外，还需要均衡网络中各个节点的能量小耗。这时因为，无线传感器网络功能的实现，需要节点之间的连通作为保障。如果由于路由算法采用单一路径或固定节点转发数据报文，则会导致某些节点能量消耗太快，过早的失能，从而造成无线传感器网络的分割，削弱网络的实际功能，甚至造成网络的瘫痪。

3. 端到端时延

路由算法的功能是选择节点转发的优化路径，并沿着优化路径将数据报文从源节点传递的到目的节点。端到端的时延就是指数据报文从源节点成功转发至目的节点所需要的时间。这个时间由节点发送数据报文的时间，传递数据报文的时间和接收数据报文的时间组成。由于无线微波在空中的传输速度很快，相对发送报文和接收报文的时间可忽略不计。因此，端到端的时延主要跟节点从源节点到目的节点中间转发的跳数有关，或者说跟中间路径的长度有关。经过节点转发的次数越多，发送数据报文和接收数据报文的次数越多，端到端时延越大。转发次数越少，即路径越短，发送数据报文和接收数据报文的次数越少，端到端时延越小。因此，端到端的时延可以反映一个路由算法所选择的优化路径的长度和转发的跳数，对实时性要求较高的网络应用，是一个关键的评价指标。

4. 扩展性

扩展性指路由算法是否能够随着网络节点规模的增大，依然具有比较理想的性能。某些路由算法的设计比较局限，当节点数量增加、覆盖区域扩大时，路由算法的性能明显下降，因此，具有较差的扩展性。而某些算法，则不会由于网络规模的增加，出现明显的性能下降，具有较好的可扩展性。一般情况下，平面路由算法，扩展性较差，而层次型算法，扩展性较好，适合大规模的应用。因此，扩展性可在一定程度上表征路由算法的适用性。

5. 鲁棒性

无线传感器网络中路由算法的设计，需要具有一定的路由修复能力。由于传感器节点的能量有限，随着节点值守时间的推移，网络中节点因为能量耗尽而相继失能，从而造成网络拓扑结构的动态变化。此时，如何重新建立优化路径，选择转发节点，是反映路由算法健壮性的一个重要指标。

第3章 基于非均匀分簇的 IUCRP 协议

本章首先对现有无线传感器网络路由协议设计中存在的问题进行研究，并分析无线传感器网络路由协议设计的基本原则；然后提出基于非均匀分簇的节能路由算法 IUCRP，阐述其基本思路、模型假设，并详细介绍 IUCRP 算法的具体实现，包括簇的形成、簇间多跳路由的实现，簇内和簇间数据传输的实现以及簇的更新。

3.1 分簇路由协议设计问题的提出

无线传感器网络节点数量众多，能量有限，处理、存储、计算等能力较弱，而且无线传感器网络所处的监测区域一般环境较为恶劣，所以当传感器节点电池电量用完后，将很难为其更换电池或再次充电。基于上述的情况，如何提高节点能量利用率并均衡网络能耗，延长网络正常工作时间，是目前无线传感器网络研究的关键问题，也是无线传感器网络路由协议设计所要考虑的关键问题。

无线传感器网络路由协议根据网络结构的不同可以将路由协议分为层次路由协议和平面路由协议。在平面路由协议中所有节点身份、角色和地位完全相同，在网络中的职责相同。平面路由协议健壮性较好，但由于没有簇结构，平面路由协议需要维护更长的路由表。同时，由于没有簇结构，平面路由协议无法较好地应用簇结构完成数据融合以减小冗余数据、减少信息传输量、节省节点能量；而且，平面路由协议无法通过簇内节点的休眠\唤醒机制提高节点能量利用率。在层次路由协议中，簇首节点能对簇成员节点将采集到的信息进行数据融合等处理后再经过簇间通信发给 Sink 节点，减少了信息传输量，有利于节约电池电量；同时，簇内可以选择少数值守节点，其他节点转为休眠状态，而传感器节点在休眠状态下消耗的能量很少，也能大大降低能耗；而且，层次路由协议中，簇首节点负责管理簇成员节点，使得网络节点更容易管理，网络扩展性更好。因此，相对于平面路由协议，层次路由协议能更有效地使用节点电池电量，延长网络生命周期，也更易于管理网络，适用于大型无线传感器网络。因此，研究基于分簇的无线传感器网络节能路由是其关键技术。

LEACH 协议是典型的基于簇的层次路由协议。LEACH 随机选举簇首节点并通过簇首的周期性轮换来均衡网络能耗，延长了网络的生命周期，但 LEACH 中簇首节点的随机选择可能会导致簇首分布不均匀，簇的划分不是理想状态。LEACH-C 对 LEACH 进行了改进，通过集中控制的方式选择簇首节点，这样选举的簇首分布更均匀，簇的划分也更理想。但还是存在问题，LEACH 和 LEACH-C 都是通过单跳将处理过的信息发送给 Sink 节点，根据无线发射能耗模型，单跳远距离传输将消耗大量能量。后来研究人员又对 LEACH 进行了改进，簇间采用多跳通信的方式，显然，簇间多跳通信能更有效地节约能量。由于簇的大小是固定的，各簇首在簇内通信上的能量消耗相差不大。但在采用多跳通信的方式时，距离 Sink 节点较近的簇首会由于还要承担较大的数据转发任务而过早死亡，造成网络分割，降低网络存活时间的"热点"问题。为了解决该问题，专家学者又提出了非均匀分簇的路由算法，比较典型的有 EEUC（Energy-Efficient Uneven Clustering）。EEUC 根据节点距离 Sink 节点的远近设置簇半径的大小，将网络分为大小不等的簇，以达到减小距离 Sink 节点较近的簇首承担的数据融合任务减小从而保留能量用来进行簇间的数据转发的目的，实现整个网络中远近距离节点能量消耗的平衡。但 EEUC 只考虑了距离而没有考虑节点的剩余能量以及周围节点的密度，而且没有考虑簇首间远距离传输数据可能导致耗能过多的问题，从而可能产生网络能耗不均衡，造成簇间单跳通信耗能过多，网络过早死亡的现象。后来的许多专家学者在 EEUC 的基础上提出了改进算法，如考虑到节点的剩余能量因素，采用模糊逻辑方法处理分簇中的不确定因素，利用簇间中继节点进行中继转发以缩短簇首的簇间通信距离，避免远距离通信耗能较大等。但是，通过中继节点转发数据可能导致中继节点能耗过大，产生"热点"或"单路径"问题。而且通过中继节点转发所经过的路径并未充分考虑到链路的质量和链路代价因素，从而导致网络时延增大，丢包率提高，增大能耗。同时，由于无线传感器网络中节点是随机抛撒的，具有较大的不确定性，可能会导致节点分布的稀疏情况不同，所以在非均匀分簇过程中，除了要考虑距离和能量因素外，也要将周围节点的分布密度因素考虑在内。

为了提高传感器节点能量利用率，均衡网络负载，延长网络寿命，无线传感器网络路由协议的设计过程中需要遵循以下几个原则。

1. 降低能耗

如前面所述，能耗问题是无线传感器网络面临的巨大挑战，而传感器节点的主要能耗模块是无线发射模块。所以在数据通信中扮演着重要角色的路由协议在其设计过程中必须考虑能耗问题，以延长网络生命周期。基于地理位置的路由协议在设计过程中将地理位置信息考虑在内，使找到的路由更优化，减少数据传输次数，有效减小能耗。基于分簇的路由协议能够更好地将簇内节点采集到的数据进行融合、减小数据传输量、减少节点能耗，同时簇内节点在大部分时间能进入休眠状态，减小了能耗。基于多路径的路由协议，通过构建多条路径，来避免单一路径上的节点能量消耗过快的"单路径"问题，达到均衡网络能耗的目的。除了以上几种节能的方式，还可以通过功率调节等其他方式减小网络能耗。

2. 提高网络容错性

由于无线传感器网络在大多数情况下位于环境较为恶劣、人类难以到达的地方，所以当某个节点由于能量耗尽等原因发生故障或死亡时，如何使整个网络不因单个节点的失效或死亡而无法正常工作也是无线传感器网络设计时需要考虑的。因此，无线传感器网络路由协议的设计应该具有较高的网络容错性。

3. 增强可扩展性

无线传感器网络中节点众多，规模较大，节点的加入、死亡、移动都可能使网络结构发生变化，如何在这些变化发生后，网络能继续有效工作，保证数据的安全可靠传输，是无线传感器网络设计要考虑的。这就要求无线传感器网络的路由协议具有较好的可扩展性。

4. 保障 QoS 性能

无线传感器网络技术在许多领域都有相应的应用，不同应用的需求也大有不同，所以在不同的应用场景中需要针对其具体应用需求提供相应的服务，这样才能保证在有限的资源下满足用户的需求。有些应用对端到端时延、丢包率等 QoS 性能参数有严格的要求，在路由协议的设计过程中就要满足这些要求了。

5. 均衡负载

无线传感器网络中，设计路由协议时不仅要考虑节省单个节点的能耗还要能够将整个网络的通信任务分摊给各个节点，保持网络能量负载均衡，以避免单个节点或某些节点因负载过重而过早死亡，导致网络分割、网络过早死亡的现象发生。

6. 维护网络拓扑

WSN 中传感器节点分布密集，数量众多，由于网络所在的环境人类难以到达，其中许多节点在失效后无法进行维修，这对网络拓扑的维护提出了挑战。在网络初始化阶段，一般节点是随机布撒的，初始撒布节点应尽量做到安装低价，而且还要充分考虑布局的灵活性，能够满足网络的自组织和容错的要求。网络运行阶段，其拓扑结构会随着节点的移动、任务或环境的改变而改变，路由就需要因此而不断改变。网络重组阶段，当 WSN 中许多节点死亡，就需要大量的新节点进行补偿，这样才能保证网络的正常运转，进行网络重组、改变网络拓扑也需要考虑路由协议的设计问题。

3.2 IUCRP 算法的基本思路

在分析现有路由协议的特点和不足的基础上，依据上节介绍的几个无线传感器网络路由协议设计原则，提出一种改进的非均匀分簇路由协议（IUCRP 协议）。该协议所设计的内容主要包括三个部分，分别是网络簇形成的设计，簇内和簇间通信机制的设计，以及簇更新机制的设计。

IUCRP 协议在 EEUC 协议的基础上，采用了新的竞争半径参数进行分簇，使得距离 Sink 节点较近、剩余能量较小、周围节点分布较为密集的簇的规模相对较小以使网络分簇更合理，能量负载更均衡。同时，IUCRP 协议的簇内通过单跳方式通信，簇间通信采用多跳的方式，通过距离、节点剩余能量、链路质量、链路代价的综合权值选择下一跳，避免了簇首间远距离传输导致的能耗过大的问题，同时，能有效提高链路利用率，优化路径，避免"热点"问题，达到延长网络正常工作时间的目的。

3.3　相关模型与假设

3.3.1　网络模型

网络中 N 个传感器节点随机均匀抛撒在 $M{\times}M$ 的方型区域 S 内，通过非均匀分簇算法将网络分成大小不等的簇，簇内节点感知并采集数据，并将采集到的数据发送给簇首节点，簇首节点将收到的数据进行融合处理后，再通过簇间路由将数据经过多跳发送给 Sink 节点，网络模型如图 3.1 所示。

所采用的网络模型如下。

（1）网络中节点随机均匀分布在监测区域内且具有唯一 ID；

（2）所有节点部署后，位置不再发生改变；

（3）Sink 节点位于网络外部，位置固定，能量不受限制；

（4）所有节点都安装定位装置，能获取自身精确的地理位置信息；所有节点也能获取自身的剩余能量信息；

（5）所有节点完全相同，具有相同的初始能量，计算、感知、数据融合、通信等能力相同，且能量不可补充；

（6）通信链路具有对称性，节点发射功率可以根据传输距离动

37

态调整；

（7）网络内节点间保持时间同步。

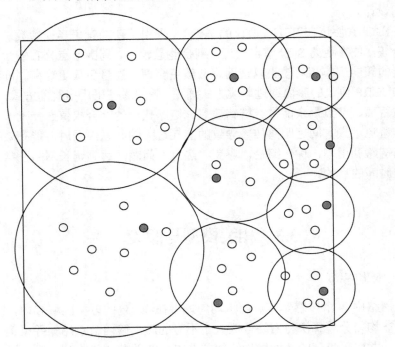

○ 簇成员节点

● 簇首节点

● Sink节点

图 3.1 网络模型

3.3.2 能量模型

根据传感器节点各个模块的能量消耗可知，无线传感器网络节点的能耗主要集中在通信模块、处理模块和传感器模块。采用的无线通信能耗模型主要将通信模块的能耗和数据融合的能耗考虑在内。通信模块能耗主要包括发射电路能耗、接收电路能耗和功率放大器的能耗。

其中，无线通信模块在发送 l 比特数据到传输距离为 d 的位置的过程中，能量消耗主要包括发射电路的能量消耗和功率放大器上的能量损耗。在保证合理信噪比条件下，节点发送数据的能耗为

$$E_{tx}(l, d) = E_{elec}(l) + E_{amp}(l, d) \qquad (3-1)$$

式中　$E_{tx}(l, d)$——将 l 比特数据发射到传输距离为 d 的目的地所消耗的发送能量；

$E_{amp}(l, d)$——将 l 比特数据发射到传输距离为 d 的目的地时，功率放大器所消耗的能量；

$E_{amp}(l, d)$ 的计算和传输信道模型有关，当传输距离小于阈值 d_0 时，功率放大损耗采用自由空间模型，$E_{amp}(l, d)$ 如式（3-2）所示，与 ε_{fs} 相关；大于 d_0 时，采用多路径衰减模型，$E_{amp}(l, d)$ 如式（3-3）所示，与 ε_{amp} 相关；ε_{fs}，ε_{amp} 分别为相应模型中所需的能耗。d 为传输距离，d_0 为一个距离常数，设为 $d_0 = \sqrt{\varepsilon_{fs} / \varepsilon_{amp}}$。

$E_{elec}(l)$——l 比特数据在发射电路消耗的能量。

$$E_{amp}(l, d) = l\varepsilon_{fs} d^2 \qquad (3-2)$$

$$E_{amp}(l, d) = l\varepsilon_{amp} d^4 \qquad (3-3)$$

式中　E_{elec}——每比特数据在发射电路消耗的能量，于是，$E_{elec}(l)$ 可表示为 lE_{elec}，便得到能耗模型如下

$$E_{tx}(l, d) = \begin{cases} lE_{elec} + l\varepsilon_{fs} d^2 & (d < d_0) \\ lE_{elec} + l\varepsilon_{amp} d^4 & (d \geqslant d_0) \end{cases} \qquad (3-4)$$

节点在接收 l 比特数据过程中的能量消耗主要在接收电路损耗，如式（3-5）所示，其中，E_{elec} 表示每比特数据在接收电路消耗的能量。

$$E_{rx}(l) = lE_{elec} \qquad (3-5)$$

在本网络模型中，每个节点都具有数据融合功能，数据融合所消耗的能量用 $E_{aggr}(k, l)$ 表示。这里，E_{DA} 表示融合每比特数据所消耗的

能量，则将 k 个长度为 l 的数据包融合为一个数据包所消耗的能量如下

$$E_{\mathrm{aggr}}(k, l) = klE_{\mathrm{DA}} \tag{3-6}$$

3.4　IUCRP 算法实现

由于簇头节点和普通节点的能耗一般不同，所以同 LEACH 协议一样，IUCRP 协议中簇头节点周期轮转以均衡网络能耗，每一轮包括三个阶段：簇的形成阶段、簇间多跳路由建立阶段和稳定的数据传输阶段。首先，通过簇首节点的选举、簇的形成将网络分成大小不同的簇；然后根据网络分簇的情况建立簇间多跳路由；最后在数据传输阶段，又主要分为簇内数据通信和簇间数据通信两个阶段，包括簇成员节点将采集到的监控区域内的信息传送给簇首节点及簇首节点对收到的所有簇内的数据进行融合等处理，通过簇间路由发送给 Sink 节点两部分。一般而言，稳定的数据传输阶段工作时间较长。一段时间后，当簇首节点的剩余能量低于某个阈值后，将会进行簇的更新，重新选举簇首节点，重组簇结构，开始新的一轮。

3.4.1　簇的形成

网络初始化阶段，每个节点获取自身位置信息，Sink 节点在全网广播 "hello" 消息，每个节点根据接收到的消息中 Sink 节点的位置信息计算到达 Sink 节点的距离。IUCRP 中簇首节点通过局部竞争产生，与集中式选举算法不同，不需要网络中每个节点将自身的信息发给 Sink 节点，减小了额外开销。该局部竞争主要通过节点的剩余能量选举簇首，即剩余能量越大，成为簇首的可能性越高。在分簇无线传感器网络中，簇首节点由于承担的任务较重，如管理所在簇内的成员节点，接收成员节点发来的消息并对其进行数据融合,再将其发送给 Sink 节点等，所以耗能较大。IUCRP 协议通过簇头周期性轮转均衡网络能耗，在每一轮选择剩余能量较高的节点作为簇首。

下面将详细描述分簇算法：首先，每个传感器节点产生一个随机数 t（$t \in [0, 1]$），该随机数用来决定该节点是否成为候选簇首节点，将该随机数与阈值 T 比较（T 是预先设置的，取决于网络中节点成为候选节点的概率），如果小于 T，则该节点成为候选簇首，否则，进入休眠直到簇首竞选完成。设 S_i 为任一候选簇首，S_i 根据与 Sink 节点的距离、剩余能量、周围节点密度计算它的竞争范围，竞争半径记为 R_{comp}。

候选簇首之间竞争的规则如图 3.2 所示。在某个候选节点的竞争半径范围内，如果有一个节点成为了簇首节点，则其他节点放弃簇首竞争，无法成为簇首节点。

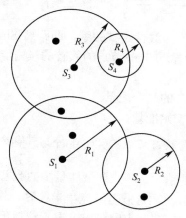

图 3.2　簇头竞争示意图

簇头竞争如图 3.2 所示，其中 S_1、S_2、S_3、S_4 为候选簇头，R_1、R_2、R_3、R_4 是它们各自的竞争半径，节点周围的圆代表它们的竞争半径。由规则 1，S_1 和 S_2 可以同时成为最终簇首，而 S_3 和 S_4 不可以，因为 S_4 位于 S_3 的竞争范围内部。如前面所述，IUCRP 协议的目标是让靠近 Sink 节点的、剩余能量较小的、周围节点较密集的簇规模较小，使得簇首节点能够减少簇内数据融合的能耗以节省能量供簇间数据传输使用，同时避免网络能耗不均。因此，候选簇头到 Sink 节点的距离越近、剩余能量越小、簇内节点密度越大的簇首节点竞争半径应该越大。记候选簇头竞争半径的最大值为 R_0，候选簇首 S_i 确定其竞争半径 R_{comp} 的计算式如下

$$R_{\text{comp}} = \begin{bmatrix} \varepsilon_1 \times \left(1 - c_1 \times \dfrac{d_{\max} - d(S_i, \text{Sink})}{d_{\max} - d_{\min}}\right) + \varepsilon_2 \\ \times \dfrac{E_{\text{res}}}{E_{\text{init}}} + (1 - \varepsilon_1 - \varepsilon_2) \times \left(1 - c_2 \times \dfrac{N_{\text{neighbor}}}{N}\right) \end{bmatrix} \times R_0 \quad (3\text{-}7)$$

式中 $d_{\max}$、$d_{\min}$——候选簇首 S_i 与 Sink 节点之间的最大、最小距离；

$d(S_i, \text{Sink})$——节点 S_i 到 Sink 节点的距离；

c_1——0～1 之间的常数，用于控制取值范围；

$\left(1 - c_1 \times \dfrac{d_{\max} - d(S_i, \text{Sink})}{d_{\max} - d_{\min}}\right)$ 表明候选簇首节点的竞争半径 R_{comp} 与

它到 Sink 节点的距离呈线性递减关系，即距离 Sink 节点越近，竞争半径越小，从而减少靠近 Sink 节点的簇首的簇内能量消耗，为簇间数据转发保留能量；

E_{res}——节点 S_i 的剩余能量；

E_{init}——节点初始能量；

$\dfrac{E_{\text{res}}}{E_{\text{init}}}$——候选簇首节点的竞争半径与其剩余能量成正比，剩余

能量越多，竞争半径越大，防止剩余能量少的簇首消耗更多能量而加速死亡；IUCRP 在计算候选簇首的竞争半径时，将能量因素考虑内，避免了剩余能量小的簇首节点因负担过重、消耗更多能量而过早死亡的现象发生；

N_{neighbor}——节点 S_i 的邻居节点个数；

N——网络中节点的总数；

$\dfrac{N_{\text{neighbor}}}{N}$——候选簇首节点周围节点的密度；

c_2——0～1 之间的常数，用于控制取值范围；

$\left(1 - c_2 \times \dfrac{N_{\text{neighbor}}}{N}\right)$——竞争半径与周围节点密度呈线性递减关

系，IUCRP 在计算候选簇首的竞争半径时，考虑到节点分布的不均衡，避免节点密集的簇内存在多个成员节点，导致较大的簇内能量消耗。

ε_1、ε_2、$(1-\varepsilon_1-\varepsilon_2) \in [0, 1]$，大小取决于各个因素所占的权重。

每个候选簇头 S_i 都维护一个候选节点集合 Set，Set 是由所有与 S_i 共同竞选簇首的节点组成的。在 IUCRP 中，每个节点在 R_0 范围内广播消息，以保证候选簇头节点能收到其邻居节点的消息。分簇算法如算法 1 所述：首先，每个竞争节点广播竞选消息，消息字段包括节点 ID、竞争半径 R_{comp} 和剩余能量 RE。当收到候选簇首节点收到其他节点发来的竞选信息后，将邻居候选节点加入到 Set 中。接着，候选簇首节点的剩余能量如果大于其 Set 中其他所有节点的剩余能量，则广播 Head_Msg 消息宣布成为簇首。如果候选簇首节点收到其 Set 中其他节点广播的 Head_Msg 消息，则发送 Quit_Msg 消息退出竞选。如果候选簇首节点收到其 Set 表中的其他节点发送的 Quit_Msg 消息，则将该节点从其 Set 中删除。

簇头选举过程结束后，之前休眠的节点唤醒，接着选为簇头的节点广播 CH_Adv_Msg，非簇头节点收到 CH_Adv_Msg 消息后加入簇首，如果收到多个 CH_Adv_Msg 消息，则选择信号强度最大的簇头节点发送 Join_Msg 消息加入。簇头节点接收加入消息，一段时间后，为所有簇成员节点划分时隙，并向每个成员节点发送时隙消息。

3.4.2 簇间多跳路由

如同前面分析的，簇间多跳路由算法的设计主要基于以下考虑：首先，考虑节点的剩余能量因素，防止能量较低的节点承担大量的数据转发任务而过早死亡，防止"热点"和单路径现象的发生；其次，考虑距离因素，使得距离 Sink 节点越近的节点，作为下一跳节点的概率越大，有利于减少到达 Sink 节点的跳数，缩短时延，而且实现简单；最后，将链路代价、链路质量因素考虑在内，减少数据包的丢包率，避免因链路质量较差而引起的重传次数多、时延长的问题，有效节省网络能量，延长网络生命周期。

IUCRP 协议利用每个节点经过固定时间间隔向其邻居节点发送的 hello 邻居确认消息计算从源节点到目的节点链路代价。假定路径 P 长度为 L，P 上有 D_1，D_2，D_3，$\cdots$，D_n 这些设备，设备间的链路分别为 $[D_i, D_{i+1}]$，则 P 的链路代价为

$$C(P) = \sum_{i=1}^{L-1} C([D_i, D_{i+1}]) \qquad (3-8)$$

式中　$C([D_i,\ D_{i+1}])$——相应链路的链路代价，记为 $C(L)$，如下

$$C(L) = \min\left[7,\ \text{round}\left(\frac{1}{P_L^4}\right)\right] \qquad (3-9)$$

P_L——链路 L 上成功发送数据包的概率；

$C(L)$——链路 L 成功发送一个分组需要重试的次数，两者之间的关系如式（3-9）所示。

采用 IEEE802.15.4 的 MAC 层和 PHY 层提供的链路质量信息(LQI)作为判断链路代价 $C(L)$ 的依据，它们之间的对应关系如表 3.1 所示。

表 3.1　LQI 与 $C(L)$ 的关系

LQI	$C(L)$
>75	1
50~75	3
<50	7

由表 3.1 可得

$$C_{\text{sum}} = \sum_{i=1}^{L-1} f_i(\text{LQI}) \qquad (3-10)$$

$$f_i(\text{LQI}) = \begin{cases} 1, & \text{LQI} > 75 \\ 3, & 50 \leq \text{LQI} \leq 75 \\ 7, & \text{LQI} < 50 \end{cases} \qquad (3-11)$$

IUCRP 中，每个节点周期性向其邻居节点发送 hello 信息，接收到 hello 信息的节点从中提取出 LQI 值和邻居节点的剩余能量 ER，然后根据式（3-10）和式（3-11）计算与邻居节点间路径的链路代价，IUCRP 在每个节点的邻居表中添加一个字段 C 记录邻居节点之间的链路代价，同时 ER 记录邻居节点的剩余能量信息。每个簇首节点 S_i 在簇首 S_i 竞争半径的 α 倍范围内广播一条 CH_Msg 消息，这条消息包括

其自身 ID、位置信息和剩余能量。若接收到其他簇首节点的消息且发送消息的簇首节点距离 Sink 节点更近，则用式（3-6）计算与该节点之间的 $C(L)$ 值，并将 $C(L)$ 值、该邻居簇首 ID、位置信息以及剩余能量信息记录在邻居簇首信息表中。

IUCRP 在其邻居簇首节点集合中（包括该节点本身）选择具有最小的代价函数节点作为中继簇首节点，代价函数定义如式（3-12）所示，同时，在本簇首节点传输数据到该中继簇首节点时，采用同样的方法选择簇成员节点作为中继节点。

$$P_{S_B} = \alpha \times \frac{ER}{EI} + \beta \times d(S_B, S_D) + \gamma \times \frac{1}{C} \qquad (3-12)$$

式中　ER 和 EI——节点的剩余能量和初始能量，每个节点的初始能量是确定的；

$d(S_B, S_D)$——距离目的节点的距离；

C——本节点到中继节点的链路代价，当它们之间存在多条链路时，为链路代价的累积和，如式（3-12）所示；

α、β、γ——剩余能量、距离、链路代价和链路质量在综合权值中所占的权重值。

由式（3-12）可知，在簇间路由中节点距离基站越近、剩余能量越多、到达它的链路代价越小，被选为下一跳节点的概率就越大。

3.4.3　数据传输

传感器节点将采集到的数据传输到 Sink 节点的整个过程可以分为两个阶段：簇内数据通信和簇间数据通信。分簇完成后，簇头节点构建 TDMA 调度，簇成员节点在属于自己的时隙内将采集到的数据采用单跳方式发送给簇首节点。簇内通信采用单跳方式进行，簇成员节点在自己所属的时隙内将采集到的信息发送给簇首节点，簇首节点收到数据后进行数据融合等处理并采用上面所述的簇间多跳路由选择中继节点直到将数据发送给 Sink 节点。

3.4.4　簇的更新

由于簇首节点承担数据融合、簇间通信等角色，所以担任簇首的节点能量消耗比较快，所以如果某个传感器节点一直担任簇首将会因能量过早耗尽而过快死亡，造成网络分割等情况的发生，所以为了使得网络中的能量负载尽可能均衡到每个节点上，需要簇首节点进行周期性轮换。频繁地簇首更新会导致大量的额外能耗，所以不依据时间更新簇，而是当簇首节点的能量小于某个阈值时进行簇的更新。

簇形成后，所有簇首节点记录自身当前剩余能量，即为 E_{curr}。在数据传输阶段，簇首节点定期监测自身剩余能量，当剩余能量 E_{res} 小于 aE_{curr}（$0<a<1$，可根据应用需求来设置），则簇首发起重构簇的请求，在本簇内重新选举簇首，这里依据能量选举簇首，即选择簇内剩余能量最大的节点作为簇首。原簇首需要将存储的信息发给新的簇首，新簇首将自身的信息发给成员节点、邻居簇首和 Sink 节点。

第 4 章 IUCRP 协议的仿真

随着网络研究日新月异的发展，与网络研究相关的设备、协议等都得到了前所未有的发展，在构建新网络、改进现有网络设备或者测试新的网络协议时，常常需要对其进行性能测试和评价，一般有两种方法：一是构建测试平台，在实际网络环境中进行测试或利用仿真软件，二是在仿真环境下进行性能的测试和评价。但进行与网络规模相同的实际网络测试在实施过程中较难实现，尤其对于大型复杂网络，所以，网络仿真软件由于其可控制性、可重现性、可扩展性等特点被世界上许多专家学者所广泛使用，它能为网络的规划设计提供客观、可靠的数据，缩短网络仿真时间，降低投资成本。

本章首先对 OPNET（Optimized Network Engineering Tool）仿真工具的开发环境进行介绍，然后对 OPNET 仿真步骤进行介绍，并利用 OPNET 实现 IUCRP 算法的仿真，最后对仿真结果进行分析。

4.1　OPNET 简介

OPNET 仿真软件是由两位 MIT 的教授研发的网络仿真工具，并由其创立的美国 MIL-3 公司出品。MIL-3 起初作为美国军方军备网络化及其应用软件的提供方，与军方建立了合作关系，后来 MIL-3 公司将业务逐渐延伸到企业、民用领域，在网络仿真和建模领域做大做强，成为此领域世界领先的软件公司。OPNET 仿真工具是 MIL-3 公司最核心的一款产品，它主要有 OPNET Modeler、ACE analyst、模型库等共 14 个模块。在众多模块中，核心部分是 OPNET Modeler，OPNET Modeler 在设定的仿真网络环境下，能够帮助用户监控、评估、优化网络设备以及协议的性能，实时反应组建的各种网络中组件的真实状态。本节着重介绍 OPNET Modeler 及其在对应算法下的建模仿真过程。

OPNET Modeler 的优势在于其可以通过面向对象的方式进行网络的建模、仿真和优化，OPNET Modeler 以其图形化的操控界面，极大地方便了网络组建、调试等工作，深受研发工作人员的欢迎，此外，OPNET modeler 在通信网络、设备、协议和应用等诸多方面功能强大、性能优秀。开发人员通过集成环境进行建模、仿真和分析，大大降低了数据清洗、分析、挖掘和 coding 的复杂度，并且能够真实还原网络的结构、状态以及网络之间的耦合关系，解决复杂的网络通信问题，从而提升网络开发的效率，通过借助 OPNET Modeler 的模型编辑器、数据分析工具以及一些常用的模型，开发人员可将注意力专注于最需要突破的方面，而不必将大量的精力和时间开销在其他不必要的地方。OPNET Modeler 特点如图 4.1 所示。

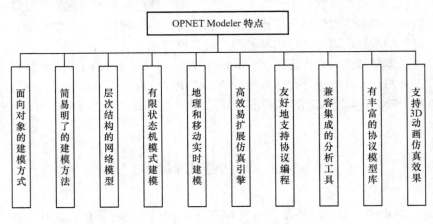

图 4.1　OPNET Modeler 特点

4.2　OPNET Modeler 仿真和建模机制

OPNET Modeler 通过典型的离散网络状态变化驱动的模拟机理（Discrete Event Driven）进行工作，离散的网络状态也称为"离散事件"，

48

当且仅当离散"事件"变化时，模拟机开始工作，反之，若"事件"未发生变化，OPNET Modeler 则不进行模拟计算。因此，以离散事件驱动的模拟机与以时间驱动的模拟机相比，其计算效率明显提升。事件调度器（Event Scheduler）作为关键组建驱动离散事件，主要工作是排列出表，同时对其进行管理和维护，这个表记录所有进程模块欲完成的事件和该事件计划发生的时间，调度器对所列出表的管理和维护任务是维护一个优先级队列，根据事件发生的先后顺序对工作进行排序，以"先进先出"（First In First Out，FIFO）的方式执行各事件，同时，模块之间通过传递包的方式来进行通信。

OPNET Modeler 采用三层建模机制。包括进程模型、节点模型、网络模型三部分，如图 4.2 所示，它们分别对应实际工程应用中的协议（对应进程域）、设备（对应节点域）和网络（对应网络域）。在每一个域中使用一种泛型进行建模，比单一范型建模的方法论更有优势，不但可以保证建模能力的可扩展性，而且可以兼顾系统行为和结构建模能力。

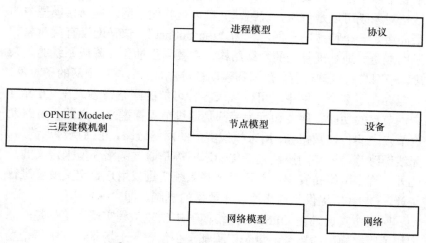

图 4.2　OPNET Modeler 三层建模机制

网络域的作用是描述网络的拓扑结构。网络模型包括网络节点和通信链路，节点又包括路由器、子网、服务器等通信设备，因此，可以认为网络模型包括通信设备、通信链路和子网。子网作为整个大网络里面其中一部分网络的抽象实体，一方面可由网络节点、通信链路组成，一方面也可子网再嵌套子网。

节点域的主要处理内容为数据元素，有统一管理节点的功能，涉及应用、进程、队列和通信接口等方面，一个节点可由实现某一针对性功能的不同模块构成，以此组成一个节点的完整作用。按照功能不同，一般节点划分为：发送、接收、处理、队列等四种模块，它们依先后逻辑顺序进行分工合作，协同工作。

进程域实际上是在节点系统中表现为算法或者决策执行的 codes，包括状态转移图、OPNET 核心函数以及 c/c++代码等，进程域好比系统中软、硬件的不同功能，也可以通过成为父进程来调用其他子进程，可以说，进程模型是仿真系统的核心和关键。

4.2.1　OPNET 网络模型

OPNET 网络模型用来对整个网络仿真环境进行模拟，网络模型主要由以下部分构成：子网、节点、链路。子网是由一组对象组成的，这些对象既可以是节点、链路，又可以是其他子网。在网络模型中的最高级是一个特殊的子网，称为"top subnet"，该子网没有父对象。子网能更好地处理复杂的网络结构，主要用于抽象和降低系统的复杂度。子网具有地理位置、范围和移动性等属性。节点是子网的子对象，只能存在于某个子网中，可以代表各种可能的网络设备。在 OPNET 中，节点的功能、属性和行为等都是通过节点模型来定义的。链路允许节点之间传递数据包，用来模拟实际的网络链路，包括点对点链路、无线链路等，链路的属性包括传输速率等是通过链路模型来定义的。此外，许多网络仿真中，需要对某些系统变量或用户自定义变量进行统计，OPNET 提供了选择性收集数据的机制，即"探针"。

网络仿真通过在 OPNET 网络模型中创建工程实现，工程是一系列相关网络模型的集合，每个工程都至少包含一个场景，其中每个场景都包含不同的网络设计角度，是一个网络的实例，展示了网络在拓扑、协议、应用、链路、仿真设置等方面的唯一性配置。一个工程可以包含多个场景，通过使每个场景中某一个方面特性的配置不同，进行仿真，对比仿真结果，达到研究该方面特性的目的。

在场景设置中指定一个场景的初始环境，依次包括拓扑、网络规模、地图和模型族。网络拓扑有总线型、网状型、环型、星型、树型或无连接型网络拓扑这几类。OPNET 仿真器包含多种可以用来作为网络模型背景的地图，地图为仿真模型指定仿真环境，节点间的距离、所在的地形也是影响仿真结果的重要因素。地图可以用.tiff，.geotiff，.MapInfo，.CADRG 格式的文件表示。

网络模型编辑器中还包含放大、缩小，改变图标大小、设置注释、打开网络浏览器等功能。网络模型中的对象包括子网、节点、链路模型。根据仿真节点的不同，节点模型中又包括固定节点、移动节点和卫星节点三种。其中，固定节点在仿真过程中位置不变，移动节点在仿真过程中位置会发生改变，卫星节点在仿真过程中沿着固定的轨道移动。节点模型和链路模型的属性可以编辑、进行自定义设置，也可以自定义一个节点模型或链路模型。对象面板用来组织所有的节点和链路模型，对象面板有树状视图和图标型视图两种，用户也可以定制自己的对象面板。在仿真中将对象面板中的子网模型、节点模型、链路模型加入到网络编辑器中以将其添加到网络模型。同时，在网络模型编辑器中还可以设置仿真时间、统计量等仿真属性。

4.2.2 OPNET 节点模型

节点模型用来对无线传感器网络节点进行模拟，每个节点模型包含多个表示各个网络协议层的进程模块，如应用层、网络层、mac 层、物理层的收发机模块以及 CPU 模块、能量模块等。OPNET 仿真模型中，节点编辑器可以充分实现包的生成、转发、接收、数据的存储和节点内部选择路由、生成路由表或邻居表的过程。

在节点编辑器中可以创建处理器模拟节点的处理机模块，也可以将收到或发生的包放入队列模块中，同时还能设置包流、统计流及逻辑关联用来表示包的传输方向、统计相关变量、进行逻辑关联等，此外，还有可以设置收发机和天线，定义节点的属性，设置节点的统计量等。

4.2.3　OPNET 进程模型

一个进程是进程模型的一个实例，一个进程主要由有限状态机构成，包含状态转移图、C 程序块、OPNET 核心函数、状态变量和临时变量。一个进程模型可以包含多个进程，每个进程都可以创建子进程。

进程的状态包含三种：初始状态、强制状态和非强制状态。初始状态是一个进程中开始执行的位置，强制状态在进程执行过程中不允许中断，非强制在进程执行过程中运行中断。C 程序块又叫执行块，每个状态都有两个执行块，进入执行块和退出执行块，前者在进入某个状态时被触发，后者在离开某个状态时被触发。强制状态（标记为绿色的）和非强制状态（标记为红色的）在执行时间上有较大的区别。

在强制状态中，首先触发进入执行块，然后紧接着执行退出执行块，再检测所有状态转移条件声明，如果正好某个状态转移条件检测到为真，则将从此状态转移到下一个状态。在非强制状态中，进程首先触发进入执行块，然后在这个状态的中间放一个标记，释放控制权给仿真核心，进入空闲状态。当下一次被调用时，重新从标记的位置开始，检测状态转移条件，执行退出执行块。

当执行完退出执行块时，进程检测从这个状态出发的所有转移的条件声明，有且只能有一个条件为真，进程就转移到与该转移条件相对应的状态。如果所有的转移条件都不满足，则进程转移到转移条件为"default"的状态。如果一个转移的转移条件为空，则该转移被认为是无条件的，即在任何条件下都为真。状态之间的联系是通过转移来实现的。

核心程序是事先写好的，对复杂的、繁琐的或一般的操作进行抽象化了的函数。核心程序使你不必担心内存的管理、数据结构、事件向前推进的控制等。所有的核心程序都以"op_"为前缀，主要处理通信模型。常用的核心程序有数据包程序包、子队列程序包、中断程序包、分布程序包、状态程序包、仿真和事件程序包、ID、拓扑和内部模型访问程序包。

进程模型编辑器中的工具栏中有创建状态、转移，设置初始态、编辑状态变量、临时变量、头文件、函数块、测试块、终止块和编译进程模型的相关按钮。状态是一个有限自动机的一个组件，通过创建一个状态，可以定义这个状态的行为，即在进入该状态和从该状态退出时执行的程序块。转移是一个有限自动机中，进程从一个状态转移到另一个状态的路径。通过在状态间创建转移可以定义转移发生之前必须满足的条件，即在满足什么条件时才可以从前一个状态转移到后一个状态。状态变量块用来定义在状态转移过程中保持值不变的变量。临时变量块用来定义仅仅在当前进程调用过程中保持值不变的变量。头文件用来定义常量、宏表达式、包含文件、全局变量、数据结构、数据类型和进程的方法声明。函数块用来定义与进程相关的 C/C++函数。终止块用来定义在进程销毁前需要执行的 C/C++声明。诊断块用来定义需要输出到标准输出设备的 C/C++声明。通过编译代码可以为进程模型生成 C/C++源文件和目标文件。

4.2.4 其他编辑器

OPNET 的核心是三层仿真模型，网络模型、节点模型和进程模型，网络仿真模型、节点仿真模型和进程仿真模型是其主要编辑器。除了以上介绍的三种编辑器，OPNET 模型还包含天线编辑器、链路编辑器、包编辑器、管道阶段编辑器等。

4.3 OPNET 网络仿真的方法和步骤

根据 OPNET 的三层仿真模型，采用自顶而下的方式利用 OPNET 进行仿真建模，主要分为三个步骤：首先确定仿真过程中有哪几种节点，每种节点对应一个节点模型，节点模型需要完成哪些功能，里面包含哪些进程模块并对构成各个进程模块的各个状态、状态进出口代码、状态转移条件、变量、函数块及相关的统计量进行设置；其次，将各个相关的进程模型构成节点模型，将相关的进程模型用包流线、数据流线或统计流线连接，表明数据量或包流在节点模型的各个网络协议层中的转移方向；最后，设置网络模型中仿真区域大小、节点个数、Sink 节点的位置这些仿真环境参数。

4.4 IUCRP 算法仿真的设计与实现

4.4.1 进程模型的设计与实现

节点模型主要是由进程模型构成的，所以仿真的最核心部分是实现进程模块。通过分析节点模型，将节点模型分为 ROUTE、MAC_CSMA、SENSOR 和 ENERGY 这四个进程模块，另外还包含发送机和接收机，如图 4.3 所示。

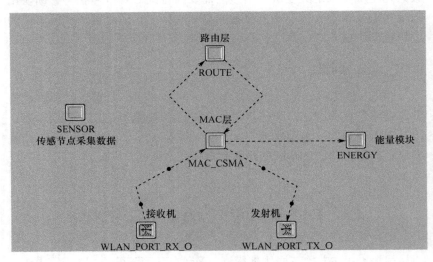

图 4.3 节点模型

进程模型又是由有限状态机构成的，包括状态、状态转移条件、状态变量、临时变量和头文件等。进程模块的设计阶段主要包括事件的枚举和事件响应表的开发。实现阶段主要对各个状态和变量、转移条件等进行编码或设置。下面将对各个进程模块的设计与实现进行详细描述。

1. 路由层进程模型

结合 IUCRP 路由算法的实现过程,将路由层进程模块划分为以下几个状态,并对状态转移条件进行设计,得到如图 4.4 所示的路由层进程模块示意图,下面对路由层进程模型的整个设计过程及状态进行介绍。

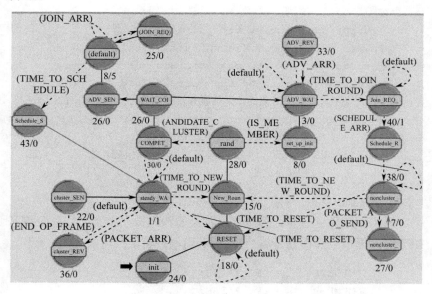

图 4.4　路由层进程模块示意图

（1）Init 状态。

模拟整个网络部署的初始化过程,非强制状态,在 Init 状态中,每个节点获取自身的 ID、节点的 ID 和位置信息。每个传感器节点都等待接收 Sink 节点广播的"hello"包,当接收到底层发来的包流中断 PACKET_ARR 时,每个节点读取接收到的"hello"包,得到 Sink 节点的位置及自身与 Sink 节点的距离。转移到 Reset 状态。其入口代码如下:

```
/* Get this node's OBJID */
my_objid = op_id_self();
my_node_objid = op_topo_parent (my_objid);
/*   Get this node's node_id */
```

```
op_ima_obj_attr_get   (my_node_objid,  " node_id "  ,
&my_node_id);
      /*   Get this node's position   */
op_ima_node_pos_get (my_node_objid,&latitude, &longitude,
&altitude, &x_self, &y_self, &z_self);
      /*   接收到 Sink 节点发来的"hello"包并获取 Sink 节点的 ID
*/
intrpt_strm = op_intrpt_strm();
pkptr = op_pk_get (intrpt_strm);
src_mod_objid = op_pk_stamp_mod_get (pkptr);
src_node_objid = op_topo_parent (src_mod_objid);
      /*   获取 Sink 节点的位置信息并计算自身与 Sink 节点的距离*/
op_ima_node_pos_get (src_node_objid, &latitude, &longitude,
&altitude, &x_src, &y_src, &z_src);
distance = sqrt((x_self - x_src)*(x_self - x_src) +
(y_self - y_src)*(y_self - y_src));
```

（2）Reset 状态。

模拟簇初始化状态，每个节点都设置为簇成员节点，即在分簇开始之前，每个节点都是普通节点，其入口代码如下：

```
IS_CLUSTER   = OPC_FALSE;
IS_MEMBER    = OPC_FALSE;
WAS_CLUSTER  = OPC_FALSE;
```

（3）New_Round 状态。

模拟每一轮的初始状态，随后转入 Rand 状态，其入口代码如下：
```
      /*   获取当前仿真时间，用于进行时间同步 */
current_round_start_time = op_sim_time();
      /*   一段时间后，开始新的一轮   */
op_intrpt_schedule_self
(op_sim_time()+ROUND_TIME_LENGTH, NEW_ROUND_TIME_CODE);
op_intrpt_schedule_self (op_sim_time(), 0);
```
（4）Rand 状态。

生成随机数 t（$t \in [0, 1]$），如果该随机数小于阈值 T（T 是网络中节点成为候选节点的概率），则该节点成为候选簇首，进入 COMPET_SEND 状态，否则，转移到 set_up_init 状态。其入口代码如下：

```
rand = op_dist_uniform (1.0);
if (rand <= temp)
    {
    IS_CLUSTER = OPC_TRUE;
    IS_MEMBER = OPC_FALSE;
    }
 else
    {
    IS_CLUSTER = OPC_FALSE;
    IS_MEMBER = OPC_TRUE;
    }
```

（5）COMPET_SEND 状态。

每个候选簇首节点根据竞争半径 R_{comp} 的计算方法计算自身的竞争半径，通过包编辑器生成 Compet_Msg 包（包含 ID，R_{comp}，RE）字段，并在 R_{comp} 范围内广播 Compet_Msg 消息。发送完成后，转移到 Wait_Compet 状态。

```
pkptr = op_pk_create_fmt("Compet_Msg");
op_pk_nfd_set(pkptr, "source_id", &my_node_id);
op_pk_total_size_set (pkptr,200);
if (IS_ALIVE)
 {
 op_pk_send(pkptr, OUTSTRM_TO_MAC);
 }
else
 {
 op_pk_destroy (pkptr);
 }
```

（6）WaitCompet 状态。

节点接收到其他节点发送的 Compet_Msg 消息后，如果该节点与自身节点的距离小于自身和该节点的竞争半径，则将该节点加入自身的 Sct 表中。如果节点接收到 Sct 表中的某个节点发来的 CH_Adv_Msg 消息，则广播 Quit_Msg（包含 ID 字段）消息，转移到 Sleep 状态。如果节点接收到 Sct 表中的某个节点发来的 Quit_Msg 消息，则将该节点从自身的 Sct 表中移除。设置自中断，一段时间后，再次进入自身状态，以接收其他节点发来的消息或检测自身是否在簇首选举过程中竞选成功。设置时间中断，当时间到达时，转移到 Adv_Send 状态。

```
intrpt_strm = op_intrpt_strm();
pkptr = op_pk_get (intrpt_strm);
op_pk_format (pkptr, pk_format);
Sct = prg_list_create ();
if (strcmp (pk_format, "Compet_Msg"))
  {
   /* 接收到下层发来的"Compet_Msg"包   */
   op_pk_nfd_get (pkptr, "ID", &ID);
   op_ima_node_pos_get    (ID,&latitude,  &longitude,
&altitude, &x_src, &y_ src, &z_ src);
    distance = sqrt((x_self - x_src)*(x_self - x_src) +
(y_self - y_src)*(y_self - y_src));
   if(distance < competR)
   {
    temp_ptr   =    prg_mem_alloc    (sizeof    (struct
Compet_Msg));
    temp_ptr->ID = &my_node_id;
   prg_list_insert (Sct, temp_ptr, PRGC_LISTPOS_TAIL);
   }
   }
   Else if(strcmp (pk_format, "CH_Adv_Msg"))
   {
     pkptr = op_pk_create_fmt("Quit_Msg");
   op_pk_nfd_set(pkptr, "source_id", &my_node_id);
   op_pk_total_size_set (pkptr,200);
```

```
if (IS_ALIVE)
 {
    op_pk_send(pkptr, OUTSTRM_TO_MAC);
 }
}
Else if(strcmp (pk_format, "Quit_Msg"))
{
   src_mod_objid = op_pk_stamp_mod_get (pkptr);
   Index = prg_list_size (Sct)
For(int I = 0; I < index; i++)
{
   If(Sct(i)->ID==src_mod_objid)
{
       prg_list_remove (Sct, index);
}
}
}
```

（7）Adv_Send 状态。

节点竞争成为簇首节点，在 R_{comp} 范围内广播 CH_Adv_Msg 消息后，进入 Join_REQ_Wait 状态。

```
pkptr = op_pk_create_fmt("CH_Adv_Msg");
op_pk_nfd_set(pkptr, "source_id", &my_node_id);
op_pk_total_size_set (pkptr,200);
op_pk_send(pkptr, OUTSTRM_TO_MAC);
```

（8）Sleep 状态。

当包中断发生，接收到其他节点发来的 CH_Adv_Msg 消息后，转入 Join 状态。

（9）Join_REQ_Send 状态。

向发送簇首消息的节点发送 Join_Msg 消息，加入该簇；若接收到多个节点发来的 CH_Adv_Msg 消息，则选择信号强度最大的节点发送 Join_Msg 消息，加入该簇；进入 WaitForTime 状态。

（10）Join_REQ_Wait 状态。

接收到其他节点发来的 Join_Msg 消息后，将该节点加入自身的 CMember 表中。设置时间中断，当时间到达时，进入 SendTime 状态。

```
CMember= prg_list_create ();
temp_ptr = prg_mem_alloc (sizeof (struct Compet_Msg));
temp_ptr->ID = &my_node_id;
prg_list_insert (CMember, temp_ptr, PRGC_LISTPOS_ TAIL);
```

（11）ScheduleSend 状态。

簇首节点为 CMember 表中的节点分配时隙，并发送时隙消息并进入 Steady_wait 状态。

```
i = 0;
while ( i< member_n)
 {
 pkptr = op_pk_create_fmt ("wsn_cluster_schedule");
 op_pk_nfd_set (pkptr, "dest_id", members_id[i]);
 op_pk_nfd_set (pkptr, "source_id", my_node_id);
 op_pk_nfd_set (pkptr, "member_i", i);
 op_pk_nfd_set (pkptr, "member_n", member_n);
 op_pk_total_size_set(pkptr,200);
   if (IS_ALIVE)
     {
         op_pk_send(pkptr, OUTSTRM_TO_MAC);
     }
   else
     {
     op_pk_destroy (pkptr);
     }
 i++;
 }
```

（12）Schedule_Rcv 状态。

簇成员节点等待簇首节点发来的时隙消息。接收到后，查看自己

60

所在的时隙，并进入 non_cluster_sleep 状态。

```
op_pk_nfd_get (pkptr, "member_i", &member_i);
op_pk_nfd_get (pkptr, "member_n", &member_n);
```

（13）non_cluster_sleep 状态。

簇成员节点进入休眠状态，当自己所在时隙到达时，进入 SendData 状态。

（14）non_cluster_send 状态。

根据自己所在的时隙，传感器节点定时向簇首发送采集到的数据信息。同时，在一跳范围内向邻居节点发送"hello"消息；若接收到其他节点发来的"hello"消息，则将该节点提取其 LQI 值，求出链路代价 C_{sum}，如果该邻居节点到 Sink 的距离较近，则将链路代价、剩余能量、该邻居节点 ID 及其位置信息加入到邻居表中。设置自中断，每隔一段时间调用自身，发送采集到的数据信息。

（15）steady_wait 状态。

簇首节点等待接收簇成员节点发来的数据。

（16）Cluster_Rcv 状态。

接收簇成员节点发来的数据，并在接收完成后，在其竞争半径的 α 倍范围内广播一条 CH_Msg 消息，这条消息包括该簇首节点的 ID、剩余能量和其位置信息。接收到其他簇首节点发来的消息后，如果该节点距离 Sink 节点更近，则计算与该节点之间距离，并计算与该节点之间链路的代价 $C(L)$，将 $C(L)$、该节点 ID、位置信息以及剩余能量信息记录在邻居簇首信息表中。

（16）Cluster_Send 状态。

通过簇间路由算法选择下一跳，并发送数据给下一跳节点。

```
pkptr = op_pk_create_fmt ("wsn_data_sink");
op_pk_nfd_set (pkptr, "dest_id", sink_id);
op_pk_nfd_set (pkptr, "source_id", my_node_id);
op_pk_total_size_set (pkptr,4000);
op_pk_send(pkptr, OUTSTRM_TO_MAC);
```

2. 能量进程模型如图 4.5 所示，主要包括如下几个状态。

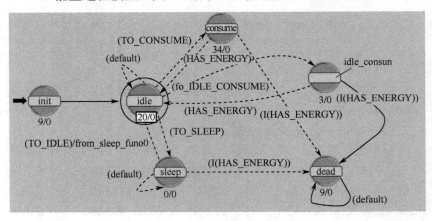

图 4.5　能量进程模型示意图

（1）Init 状态。

设置节点的初始能量，同时注册统计量用于统计生存节点个数。

（2）Idle 状态。

空闲状态，可以根据条件转移到别的状态。

（3）consume 状态。

当有上层的包要发送或接收到来自下层的包时，用式（3-4）和式（3-5）计算发送数据或接收所消耗的能量，剩余能量再减少消耗的能量，入口代码如下：

```
/*   接收数据能耗   */
if (strcmp (pk_format, "wsn_receive_packet_copy"))
 {
 energy_consume = data_length * E_elec;
 left_energy = left_energy - energy_consume;
 }
else
 {
 /*   发送数据能耗   */
 if(strcmp (pk_format, "wsn_send_packet_copy"))
  {
```

```
              distance = node_distance;
              energy_consume    =    data_length*E_elec    +
data_length * E_fs * distance * distance;
              left_energy = left_energy - energy_consume;
              }
        }
```

（4）Idle_consume 状态。

空闲状态消耗的能量，剩余能量减去空闲状态消耗的能量。

（5）Dead 状态。

当节点的剩余能量小于某个阈值时，该节点被认为死亡，其他各个进程将不再执行，生存节点数减 1。

（6）Sleep 状态。

节点能耗较小，忽略不计。

3. MAC_CSMA 模块

直接使用 OPNET 自带的 CSMA 协议的 MAC 层模块即可。

4. SENSOR 模块

传感器节点采集数据，并发送给 Sink 节点，采用 OPNET 自带的模块即可。

4.4.2 节点模型的设计与实现

建立相关的节点模型，主要包含 Sink 节点和普通节点这两类节点，所以需要分别设计 Sink 节点模型和普通传感器节点模型。如前面节点模型中所述，节点模型中需要设计里面的协议层，路由层、mac 层、物理层的收发机模块及传感器模块和能量模块。在 IUCRP 算法的仿真中，需要进行仿真的模块主要有网络层模块和能量模块，所以主要设计路由层进程模块和表示能量的进程模块。此外，数据链路层通过导入 CSMA/CD 的进程模块实现。路由层进程模块需要实现包的生成、传输、接收、数据的存储和节点内部选择路由、生成邻居表的过程。能量模块需要实现初始能量的设置，能量的变化，剩余能量的计算，能量小于某个阈值后节点死亡。同时，在节点层还需要进行某些仿真参数、仿真统计量的设置，对 IUCRP 算法对网络生存时间的影响和每轮中簇首能量的消耗进行仿真，所以需要设置这些统计量：存活节点的个数、网络生存时间、每轮簇首能量的消耗。

4.4.3　网络模型的设计与实现

设置相关的网络模型，网络监测区域为 100m*100m 的正方形区域，50 个传感器节点随机均匀分布在该区域内，节点能量有限且不可补充，发射功率可调，Sink 节点位于网络区域外一定距离的地方且能量供应充足，MAC 层采用 802.11 协议。采用的仿真环境参数如表 4.1 所列。

表 4.1　仿真环境参数列表

仿真参数	取值
区域大小	（100m，100m）
节点数	50 个
Sink 节点位置	（150m，50m）
节点通信距离	50m～200m
初始能量	2J
E_{elec}（表示每比特数据在发射电路消耗的能量）	50nJ/bit
ε_{fs}（自由空间模型能耗系数）	10pJ（bit·m^2）
ε_{amp}（多路径衰减模型能耗系数）	0.0013pJ/（bit·m^4）
包大小	4000bit

其中，网络区域大小、节点个数在网络编辑器配置，Sink 节点位置也在网络编辑器中配置。节点的通信距离可以在节点模型和无线管道阶段中设置，包大小可以在包格式编辑器中进行设置，各种能量相关的参数需要在节点模型的 energy 进程模块进行相应的代码编写。

4.5　仿真结果及分析

（1）网络生命周期。

假设节点能量小于 0.002J 则认为其死亡，网络中活动节点数小于总节点数的 80%则网络死亡,当节点数为 50 个时,通过对三个协议生存节点的个数随时间的变化进行仿真得到仿真结果图如图4.6所示。

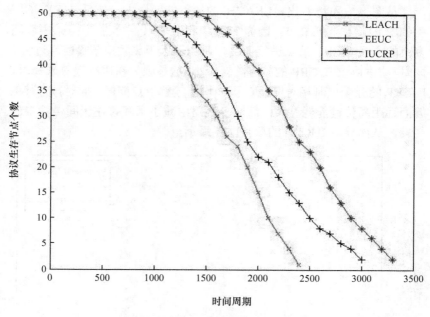

图 4.6　网络生命周期图

从图4.6中可以看出 LEACH 协议中第一个节点死亡的时间最早,这是由于 LEACH 协议中簇首节点随机产生,未考虑剩余能量,同时簇首节点通过单跳与 Sink 节点通信,消耗能量多,造成某些簇头节点能量消耗过快而过早死亡。其他两个协议第一个节点死亡的时间较晚,同时节点死亡速度也较慢。IUCRP 协议的网络生命周期性能相对 EEUC 有很大提高,这是因为,IUCRP 在非均匀分簇、计算候选簇首节点的竞争半径过程中,不仅考虑与 Sink 节点的距离,也考虑节点剩余能量、周围节点密度因素,使分簇更合理,减少了簇首节点的能耗,延长了第一个节点死亡的时间;同时,IUCRP 在簇间数据传输过程中采用簇间多跳路由,综合考虑距离、能量、链路质量和链路代价因子选择下一跳转发节点,提高了链路利用率,减小了丢包率且使网络负载均衡,因此,网络能耗更均衡,生命周期较长,第一个节点死亡时

65

间较晚，节点死亡速度较慢。

（2）每轮簇首节点能耗。

从图 4.7 可以看出，LEACH 的簇首能耗最大，然后是 EEUC，IUCRP 的簇首能耗最小。因为 EEUC 和 IUCRP 中簇首节点采用簇间多跳的方式与 Sink 节点进行通信，避免了远距离数据传输能耗过大。同时，改进协议 IUCRP 的簇首能耗最小，这是因为在进行簇首选择时，IUCRP 的分簇机制相对 EEUC 更能均衡簇首节点能耗，同时，为避免簇间远距离传输能耗过大，簇间多跳路由减小了簇首在簇间传输中的能耗，从而导致 IUCRP 的簇首能耗最小。

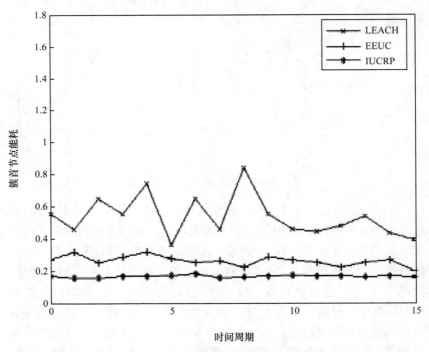

图 4.7　每轮簇首节点的能耗图

（3）网络端到端时延。

如图 4.8 所示，LEACH 协议的端到端时延最短，因为簇内成员节点经过单跳将数据发送给簇首，簇首又经过单跳将数据发送给 Sink 节点，所以跳数较少，时延较短。IUCRP 的端到端时延要比 EEUC 短，这是由于 IUCRP 的簇首节点都是选择剩余能量比较大的节点，同时在簇间数据传输过程中，每个节点选择的下一跳都是邻居中离目的节点距离最近的，所以到达目的节点所经过的跳数更少，时延也更短，而且与下一跳节点间的链路质量较好，能提高链路利用率，有效避免由于链路故障所导致的包重传、时延增长，所以 IUCRP 时延相对 EEUC 较短。

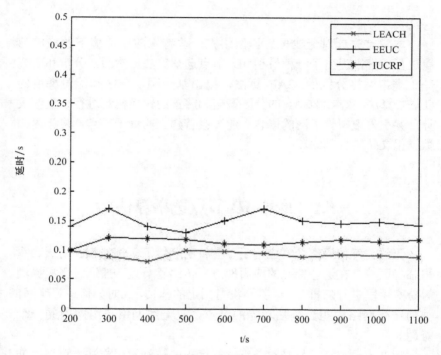

图 4.8　网络端到端时延图

第5章　基于圆形分区和能量梯度的 GAF-I 算法

本章首先针对无线传感器网络在一些特殊应用环境下的成簇问题进行研究，提出了一种最小 ID 节点选举算法。然后，分析和研究基于虚拟网格分区的 GAF 算法，提出基于圆形分区和能量梯度的 GAF-I 算法。重点对 GAF 的分区策略和簇首的轮换机制进行了重新设计，并引入虚拟骨干网的概念，通过簇首建立的骨干节点，将簇内的数据报文传输到基站。

5.1　最小 ID 节点选举算法

无线传感器网络经常应用于一些特殊环境下，例如森林防火、军事临界区等，在这些特殊的应用地点，传感器节点一般通过飞机抛洒等特殊手段进行随机部署，甚至没有固定的基站，此时如何进行组网，如何产生网络中担当基站功能的节点，是无线网络自组网中的一个难题。

对节点预编 ID 号是对节点进行标志的一种常用方法，可以降低使用 MAC 地址带来的通信开销，也可用来人为地指定某个节点担任网络中的特殊角色。但由于飞机抛洒的特殊性，某些节点可能在落地时因为撞击而失能，或者由于天气、风速等原因而落入非目标区域，甚至由于地形产生网络分割。因此，通过人为预先指定的方法存在一定的隐患，并不能保证在可连通的网络内选取出组网的节点。基于此种无线传感器网络的特殊应用，提出最小 ID 节点选举算法。

5.1.1　算法描述

节点部署前，进行预编号，节点拥有自己独一无二的 ID 号。当节点准备完毕后，所有节点以特定功率在一跳范围内广播 hello 报文，寻找自己的邻居节点，并建立邻居表。hello 报文中包括节点的 ID 号和转发次数，转发次数默认为 0，只接收，不进行转发，即控制在一跳范围。节点接收邻居节点的 hello 报文，并读取其中存储的邻居节点的 ID 号。接收后，和自己的 ID 号进行比较，如果自己是邻居中 ID 号最小的节点，则将 hello 中的转发次数设为–1，在全网范围内广播。如果有邻居节点的 ID 号比自己的小，则不再广播，只进行接收。此时，在全网范围内广播的节点已经被限制为局部范围内 ID 号最小的节点。在全网广播的节点仍然和接收到的 hello 报文中的 ID 号比较，如果接收到 ID 号更小的节点的广播报文，则停止广播。最后在全网范围内一直广播的节点是连通网络范围内 ID 号最小的节点，并将成为举起网络的节点。如图 5.1 所示。

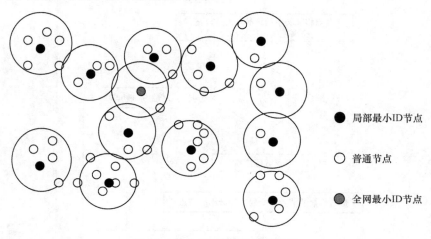

图 5.1　最小 ID 节点选举示意图

5.1.2　算法流程图

最小 ID 节点选举算法的运行流程如图 5.2 所示。

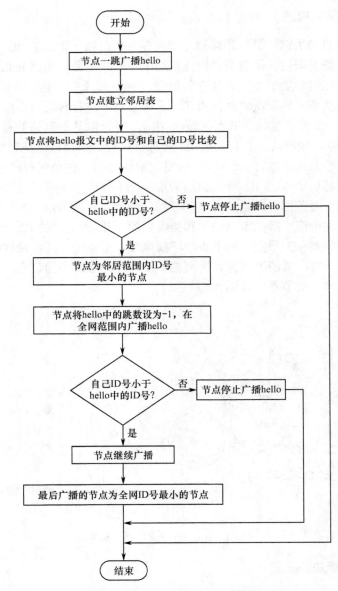

图 5.2 最小 ID 节点选举算法流程图

5.1.3 算法性能分析

本算法的设计具有以下优点。

（1）整个连通网络的发起者节点是从连通网络中功能正常的节点中直接选举的，从而避免了随机部署带来的不确定性问题。

（2）当节点因为地形原因被分割成独立的子网时，虽然整个网络无法连通，但在可连通的子网内，仍然可以运行算法，产生子网内的发起者举起网络，组成独立的连通网络，从而避免某些节点分割后由于无法加入网络变成无用节点。

（3）算法的设计也具有很好的灵活性和扩展性。在设计时，可以通过设置转发次数标志位控制 hello 报文的转发次数，从而控制选举局部最小 ID 号的范围，同时，也可控制节点的发射功率和接收灵敏度，从而调整节点的通信距离，进而对局部范围进行控制。此外，最有效的方式，是将地理位置信息引入到节点的组网中，通过地理位置信息，将节点分在不同的区域，通过区域限制，控制节点广播的范围，从而在特定地理范围内选举节点 ID 号最小的节点。

（4）算法通过局部广播选举局部范围 ID 号最小的节点，然后在全网范围广播，有效减少了全网广播的节点数量，从而避免洪泛带来的"内爆"等问题。

5.2　GAF 算法原理及分析

在基于地理位置的路由设计，可根据节点的空间位置，将目标区域划分成虚拟网格，在网格内成簇，从而通过所划分的网格的大小和形状来控制簇的大小和簇首的个数。GAF（Geographical Adaptive Fidelity）算法是基于地理位置划分虚拟网格的典型分簇算法，因此，首先对 GAF 算法进行研究和分析。

5.2.1　GAF 算法原理

GAF 分簇算法是基于地理位置的能量感知路由算法，它起初应用在移动 Ad-hoc 网络中，但随着学者们的深入研究，GAF 的虚拟网格的分簇思路已经被逐渐引入到无线传感器网络分簇路由的设计之中。虚拟单元格的划分是指节点根据地理位置信息，建立一个虚拟的坐标系，将网络区域划分为若干个正方形的虚拟单元格。

GAF 分簇算法是一种基于地理位置划分虚拟网格的算法。节点根据 GPS 等定位模块确定自己的地理坐标，并计算自己所属的网络，网格中的节点都可以进行数据的监测和中继。在每个网格中，会竞选出一个簇首节点，用于对区域网格内目标事件的监测和通信数据的转发。只有簇首节点是活跃的，而其他节点则转入休眠状态。节点通过分布式协商确定区域中下一任簇首节点的激活时间。被激活的节点将和簇首节点进行职能的轮换，担当新的簇首，原簇首则转入休眠状态，从而均衡网络区域内的能耗。GAF 算法的执行过程主要包含两个阶段：划分虚拟正方形网格和竞选簇首节点。

GAF 虚拟正方形网格的边长和节点的通信半径有着直接的关系。节点通信半径的设置分为两种情况。

如图 5.3 所示，一种是只将单元格上下左右四个相毗邻的区域单元格作为邻居网格，则为了确保毗邻网格内节点的连通，两个网格内节点距离最远时也能够相互通信。节点的通信半径和正方形网格边长的关系为 $R \geqslant \sqrt{5}d$；另一种是将有公共边或公共顶点的单元格都看做邻居网格，则需要保证周围八个邻居网格可以相互通信，此时，节点通信半径和单元格边长的关系为 $R \geqslant 2\sqrt{2}d$。

在 GAF 算法中，每个节点都有三种状态：发现、活动、休眠。节点通过设置定时器在三个状态间进行周期性的轮换。网络连通后，节点初始设置为发现状态，并设定一个随机的超时时间 Td，当定时器超时后，节点就会转入活动的状态，然后广播 hello 报文，声明成为簇首节点。如果定时器超时之前，节点收到同一区域内其他节点声明成为簇首的 hello 报文，则该节点进入休眠状态，此次竞选簇首不成功。当节点处于休眠状态时，会将定时器设置为某一区间的随机值 Ts，并且当定时器超时后，再次返回发现的状态。处于活动状态的节点会将定时器设置为随机值 Ta，并且会周期性的广播 hello 报文来抑制区域内其他节点的活动。当定时器 *Ta* 超时后，节点又再次转入发现的状态。
节点状态转换如图 5.4 所示。

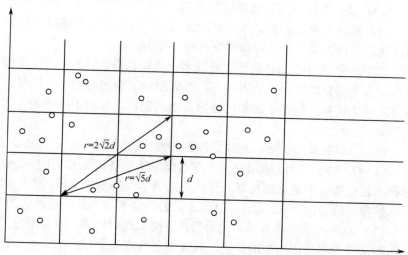

图 5.3 GAF 通信半径与正方形边长关系图

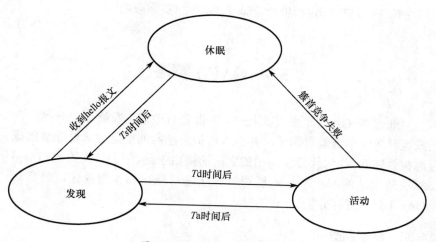

图 5.4 GAF 节点状态转换图

5.2.2 GAF 算法分析

GAF 算法的优点主要包括以下两点。

（1）算法简单，易于操作，只需要通过控制虚拟单元格的边长和节点通信半径的关系，就可以保证网络的连通。

（2）GAF 的分布式协商算法通过节点之间状态的轮换，可以使簇成员节点大部分时间处于休眠状态，有效减小了全网的能耗。同时，簇首之间的轮换，均衡了虚拟网格内节点的能耗，延长了网络最大化生存周期。

此外，GAF 算法仍然有些需要改进的地方，主要有以下三个方面。

（1）GAF 将目标区域划分为正方形虚拟单元格，而正方形中心位置和相邻位置并不是全部相等，且虚拟网络之间的通信半径远大于虚拟网格内部的通信半径，因此，节点之间的通信半径也并不是最优的。

（2）GAF 中竞选簇首采用定时器设置随机超时时间，没有考虑节点的剩余能量和节点所处的位置，从而容易造成能量较少的节点担任簇首而迅速耗尽能量，进而影响整个网络的性能。

（3）GAF 算法中没有给出数据传输的方式，因此，需要重新设计路由算法，这在一定程度上降低了 GAF 的实际应用。

5.3　GAF-I 算法

通过对 GAF 算法从以上三个方面进行改进，重新划定分区，在成簇时考虑节点能量因子，并引入虚拟骨感网的概念，通过簇首组成虚拟骨感网，作为簇首和基站的之间的路由中继。下面首先给出 GAF-I 算法适用的网络模型，然后对该算法进行概述和详细描述，最后对 GAF-I 算法进行分析。

5.3.1 网络模型

（1）网络中的节点可以通过 GPS 等获得自身的位置信息；

（2）网络中的链路是双向对等的，即 A 到 B 和 B 到 A 的通信能耗是相等的；

（3）网络中的所有节点处于同一平面上；

（4）基站固定位于网络的中心，基站的地理位置是已知的；

（5）网络中节点具有多级发射功率，可根据网络状况进行自适应调节。

5.3.2 GAF-I 算法概述

通过对 GAF 算法的分析和研究，提出一种基于圆形分区和能量梯度等级的分簇算法 GAF-I，根据 GAF 划分虚拟网格的思想，在地理位置已知的情况下，将整个网络以基站为中心，进行圆形区域的划分，并且在圆形区域重复覆盖的部分设为新的区域编号，每个圆的周长都被其周围的相邻圆平均截成六个部分。节点计算自己所属的分区编号。在每个区域内，运行最小 ID 节点选举算法产生临时簇首，并对节点划分能量梯度等级，根据节点之间的能量梯度等级选择下一任簇首节点，进行周期性的轮换。同时，引入虚拟骨干网的概念，把各个区域的簇首节点作为整个网络的骨干节点集。每个骨干节点运行 GPSR 的改进算法，将整个目标区域范围内的节点连成一个连通的网络，实现簇之间以及簇首和基站的通信，如图 5.5 所示。

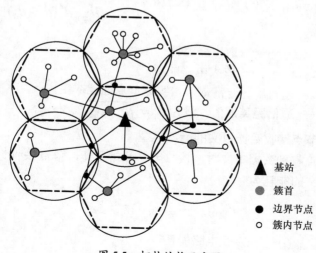

▲ 基站
● 簇首
● 边界节点
○ 簇内节点

图 5.5 拓扑结构示意图

5.3.3　GAF-I 算法详述

5.3.3.1　最优分簇个数及通信半径的设置

GAF-I 算法是基于 GAF 的改进算法,首先需要根据节点的地理位置信息划定区域进行分簇,在此过程中,需要考虑节点的能耗模型,计算出最优分簇个数和设置节点的通信半径,以达到节能的目的。

无线传感器网络能耗模型如图 5.6 所示。

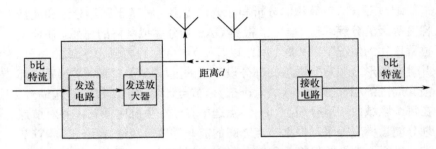

图 5.6　无线能耗模型

（1）节点发送数据报文的能耗模型。

$$E_{Tx}(l,d) = E_{Tx-elec}(l) + E_{Tx-amp}(l,d) = \begin{cases} lE_{elec} + l\varepsilon_{fs}d^2 (d < d_0) \\ lE_{elec} + l\varepsilon_{amp}d^4 (d \geqslant d_0) \end{cases} \quad (5-1)$$

式中　$E_{Tx-elec}(l)$——发射电路能耗;

$E_{Tx-amp}(l, d)$——放大电路能耗;

E_{elec}, ε_{fs}, ε_{amp}——常数,由实际节点性能决定;

d_0——通信距离阈值,设为 $d_0 = \sqrt{\varepsilon_{fs} / \varepsilon_{amp}}$。

（2）节点接收数据报文的能耗模型。

当节点收到数据报文时,接收电路开始工作,节点接收长度为 l 的数据报文的能耗为

$$E_{Rx}(l) = E_{Rx-elec}(l) = lE_{elec} \quad (5-2)$$

式中　$E_{Rx-elec}(l)$——接收电路能耗。

（3）簇首数据融合的能耗模型。

簇首把长度为 l 的 n 个成员节点的数据报文融合为一个长度为 l 的数据报文的能耗为

$$E_{\text{aggregation}}(n,1) = nlE_{\text{DA}} \tag{5-3}$$

式中　E_{DA}——融合 l 数据报文的能耗。

若监测区域内的 N 个节点被均匀划分为 k 个簇，每个簇内的节点数为 $N/(k-1)$，根据节点能耗模型可知：簇首能耗包括接收簇内节点感知数据的接收能耗、数据融合能耗和向 BS 转发数据的发送能耗三个部分。成员节点能耗包括数据感知能耗和向簇首发送数据包能耗。簇首能耗 E_{CH} 和节点能耗 E_{member} 具体形式为

$$E_{\text{CH}} = \left(\frac{N}{k} - 1\right)lE_{\text{elec}} + lE_{\text{DA}}\frac{N}{k} + \left(lE_{\text{elec}} + l\varepsilon_{\text{amp}}\frac{m^3 d_{\text{toBs}}^4}{L^4}\right) \tag{5-4}$$

簇内成员节点距离相对近，所以

$$E_{\text{member}} = lE_{\text{elec}} + l\varepsilon_{fs}d_{\text{toCH}}^2 \tag{5-5}$$

式中　d_{toCH}——节点与簇首的距离；

　　　d_{toBS}——簇首与 Sink 的距离。

由式（5-4）和式（5-5）可以得出，一个簇内所有节点总能耗为

$$E_{\text{cluster}} = E_{\text{CH}} + (N/k-1)E_{\text{member}} \tag{5-6}$$
$$E_{\text{cluster}} \approx N/k * E_{\text{member}} + E_{\text{CH}}$$

整个网络的总能耗为

$$E_{\text{total}} = kE_{\text{cluster}} \approx NE_{\text{member}} + kE_{\text{CH}}$$
$$E_{\text{total}} = l\left(2NE_{\text{elec}} + N\varepsilon_{fs}d_{\text{toCH}}^2 + E_{\text{DA}}N + \varepsilon_{\text{amp}}\frac{k^3 d_{\text{toBS}}^4}{L^4}\right) \tag{5-7}$$

设簇首节点位于圆形区域的中心，则它的通信范围为 $2\pi d_{\text{toCH}}^2$，得

$$L^2 / k = 2\pi d_{\text{toCH}}{}^2 \Rightarrow d_{\text{toCH}}{}^2 = L^2 /(2\pi k) \qquad (5\text{-}8)$$

将式（5-7）代入式（5-8）可得

$$E_{\text{total}} = l\left(2NE_{\text{elec}} + N\varepsilon_{fs}\frac{L^2}{2\pi k} + E_{\text{DA}}N + \varepsilon_{\text{amp}}\frac{k^3 d_{\text{toBS}}^4}{L^4} \right) \qquad (5\text{-}9)$$

式（5-9）继续求导运算得：

$$3\varepsilon_{\text{amp}}\frac{k^2 d_{\text{toBS}}^4}{L^4} - \varepsilon_{fs}\frac{NL^2}{2\pi k^2} = 0 \qquad (5\text{-}10)$$

从而得出网络分簇的最优个数：

$$k_{\text{opt}} = \sqrt[4]{N /(6\pi)} * \sqrt[4]{\varepsilon_{fs} / \varepsilon_{\text{amp}}} * L\sqrt{L} / d_{\text{toBS}} \qquad (5\text{-}11)$$

进而由面积相等公式 $L * L = k_{\text{opt}} * 3\sqrt{3} / 2 * r^2$ 得到圆的半径：

$$r^2 = 2L * L / 3\sqrt{3}k_{\text{opt}} \qquad (5\text{-}12)$$

如图 5.7 所示，在大的六边形区域内，为保证区域内节点的连通，节点的最小通信半径为圆的直径 d，而在两个圆交界的弧形区域内，为保证区域内节点间的相互通信，节点的通信半径为圆的半径 r。因此，当节点在区域范围内产生临时簇首时，在六边形区域内，节点设置通信半径为圆的直径 d，在圆交界的弧形区域内，节点设置通信半径为圆的半径 r。当簇首产生之后，为保证区域间簇首之间的通信，簇首将通信半径设置为圆的直径 d。

5.3.3.2　区域的划分和节点的区域编号

节点地理位置的自定位可以采用 GPS 或其他定位装置，地理位置信息的表示一般采用大地坐标，为了定位的精度要求，坐标的表示需要占用较多的字节。可将地理坐标映射为数字表示的简单坐标，以最大限度地减小节点地址的长度，降低分组头开销。以基站为原心，建立相对坐标系，节点的大地坐标和相对坐标之间一一对应。当坐标系和圆的半径确定后，就可以计算出所划分的圆形中心的坐标。

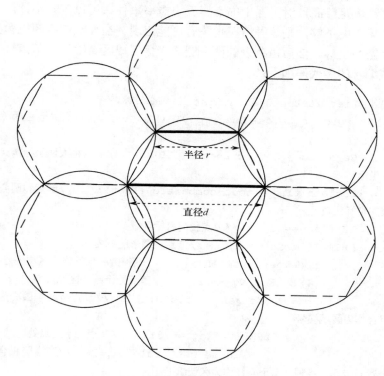

图 5.7　节点通信半径示意图

　　如图 5.8 所示，圆形区域的中心，都在矩形网格的顶点处，可根据目标区域的范围，确定所有圆心的相对坐标，组成圆心坐标集，预存储在节点中。

　　节点根据 GPS 等定位装置确定自己的大地坐标，通过坐标转换，获得自己在相对坐标系中的相对坐标。然后和节点预存储的圆心坐标比较，当节点和比较的圆心坐标的距离小于预设的圆的半径，则该节点属于该圆区域内的节点，从而将节点区域编号标志为圆心坐标。由于在圆心区域的划分时，设置了重复覆盖的区域，所以处于圆形区域边界的节点会找到两个甚至三个（交点处）小于圆半径的圆心坐标。此时，节点将自己标记为边界节点，并将区域号设置为两个圆心坐标的组合。当节点找到三个圆心坐标时，对应圆形区域的交点处，如果计算精度足够高，对于面中的点属于小概率事件，可以忽略不计。但是如果精度不够，则这种情况也是有可能出现。在算法中将随机舍弃一个圆心坐标，然后由剩余的两个圆心坐标组成区域编号。节点计算区域编号的伪代码如下：

```
List list=new ArrayList    （圆心坐标集）；
Cord gid = node.get GeographyID();      //节点提取大地坐标（x,
y）
        Cord rid = node.changeID(GID);      //节点将大地坐标转换为
相对坐标
        boolean flag = node.compareTo (list);      //节点和圆心坐
标集的坐标比较
        IF flag == 0;     //节点脱离目标区域
        ELSE IF flag == 1;     //节点在圆形区域内部
            node.getCircleID();      //获得圆心坐标作为区域编号
            ELSE IF flag == 2;      //节点处于圆心区域边界
                node.get CircleID();      //节点将两个圆心坐标
的组合作为区域编号
                ELSE IF flag == 3;     //节点处于交点处
                    node.getCircleID();      //节点随机舍弃
一个圆心坐标，将剩余两个坐标作为区域编号
                        END
                    END
                END
            END
```

5.3.3.3　区域内簇首的选举及轮换

1. 簇首选举机制

当节点计算出自己所属的区域编号后，接下来就要在区域范围内产生簇首，并进行簇首之间的轮换。节点初始时能量相同，运行最小 ID 节点选举算法，并将 hello 报文限制在区域编号范围内，通信功率取最大值，此时经过一次比较即可选举出最小 ID 号节点、区域内各

80

个节点存储区域范围内节点的 ID 并进行 ID 号大小的排序。最小 ID 号节点担任首轮的簇首节点。簇首节点对区域范围内的成员节点分配时间片，成员节点在自己的时间片内和簇首周期性通信，以确保各节点使能。其余时间，节点进入休眠状态。

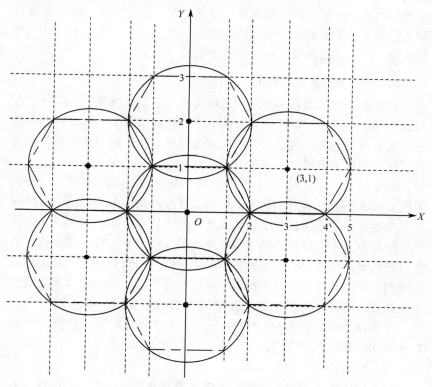

图 5.8 圆心坐标示意图

2. 基于能量梯度的簇首轮换机制

设节点初始能量为 E，对节点能量进行梯度等级划分，初始能量梯度等级设为 n，能量取值范围为 $(n-1)E/n \sim E$，下一能量梯度等级为 $n-1$，能量取值范围为 $(n-2)E/n \sim (n-1)E/n$，最后一个能量梯度等级为 1，能量取值范围为 $0 \sim E/n$。

簇首定期检测自己的剩余能量，并进行能量梯度等级的判定，当簇首能量梯度进入下一个等级时，簇首设置一个超时时间 T，如果在 T 时间内，簇首没有数据的转发，也没有监测到目标事件的发生，则簇首进行轮换，把 ID 号次小的节点任命为当前簇首，原簇首退化为簇成员节点。如果簇首在 T 时间内，监测到目标事件的发生或正在进行数据的转发，则将定时器置零，重新计时。如果三次超时，则进行轮换。当簇成员节点都担任过簇首之后，再次从 ID 号最小的节点开始轮换。同一区域内节点能量梯度等级差不大于 1。

5.3.3.4 簇间路由的建立

虚拟骨干网的概念来源于移动蜂窝网，它是由网络中的部分节点组成的一个连通的子网，网络中的节点或者属于这个子网，或者和子网中的节点相毗邻。也就是说，在连通网络中的任意节点的通信范围内都能找到属于虚拟骨干网的节点。

簇首节点产生之后，作为整个网络的骨干节点，组成虚拟骨干网，采用 GPSR 的改进算法 GPAR-EA 建立簇间路由。节点通过广播信标报文交换地理位置信息并建立邻居表，基于局部的拓扑知识，直接从邻居簇首节点中选择距离目的节点最近节点作为下一跳转发节点，进行贪婪转发。节点维护邻居表并和某个邻居节点建立父子关系，当节点遇到空洞时，就直接将数据报文传递给父节点，通过父节点组成的最优路径，最终路由至基站。GPAR-EA 算法详见下一章。

本算法中簇首组成的虚拟骨干节点和移动蜂窝网中的骨干节点有所不同，具有以下特点。

（1）时效性。

受环境和技术发展的限制，无线传感器网络中，节点的能量供给是十分有限的，如果节点一直担任骨干节点，进行目标信息的监测和数据的转发，则骨干节点很快就会因为能量耗尽而失能，从而造成网络的分割等。因此，本算法需要对骨干节点的状态进行周期性的检测，并在必要的时候重新选举新的骨干节点进行周期性的轮换。

（2）双重功能。

与移动蜂窝网中的建立的虚拟骨干网中的骨干节点不同，本算法中骨干节点不单是传感器节点，用以监测和采集目标区域内的特定信息，而且还要担任路由节点的功能，对网络中的数据进行转发。

5.3.4 GAF-I 算法性能仿真和分析

本节选取能量方差和最大化网络生命周期两个指标对 GAF-I 算法的性能进行仿真和分析，并和 GAF 算法进行比较。仿真场景如表 5.1 表所列。

表 5.1 场景参数列表

仿真参数	取值
区域大小	200m×200m
节点数	200 个
节点间距离	20m
节点通信距离	40m
初始能量	1000mJ
mac 层算法	802.11
数据流	cbr 流
数据包间隔	2.0s
仿真时间	50.0s

1. 最大化网络生命周期

最大化网络生命周期定义为网络中节点从开始工作至全部死亡的时间，网络中节点死亡的趋势可以反映网络的性能。

从图 5.9 上可以看出，运行 GAF-I 算法的节点的死亡速率要小于 GAF 算法，GAF-I 算法具有更长的生存时间，最大化网络生命周期要长于 GAF 算法。这是因为，GAF-I 算法将目标区域通过圆形划分，产生两种不同形状的区域，并在每个区域内产生簇首，用于中继转发。和 GAF 算法的正方形分区相比，GAF-I 算法中每个区域的簇首周围有更多的中继节点，降低了节点通信半径，节省了节点能耗。同时，GAF-I 算法基于能量梯度轮换簇首，均衡节点能耗。因此 GAF-I 算法降低了节点死亡时间和速率，提升了最大化网络生命周期。

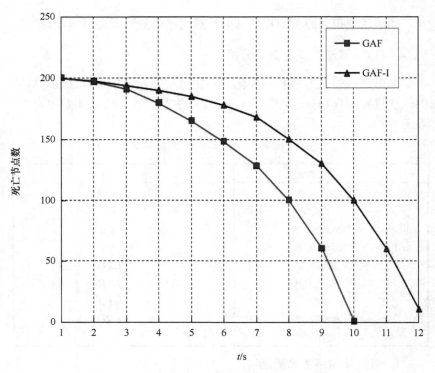

图 5.9 节点死亡趋势示意图

2. 节点能量方差

节点能量方差表征节点间能量的差距，节点能量方差的大小可以反映出节点能量消耗的均衡性。

如图 5.10 所示，运行 GAF 算法的节点之间的能量方差要大于 GAF-I 算法。这是由于，在 GAF 算法中，节点状态的轮换采用随机超时的方式，节点担任簇首具有一定的随机性，容易出现节点长时间担任簇首的情况，因此，节点之间能量消耗速率差别较大，造成了节点的能量方差较大。而 GAF-I 算法在簇首轮换的过程中，充分考虑了节点的能量因素，节点根据剩余能量轮流担任簇首，能量消耗趋于一致，因此能量方差较小。

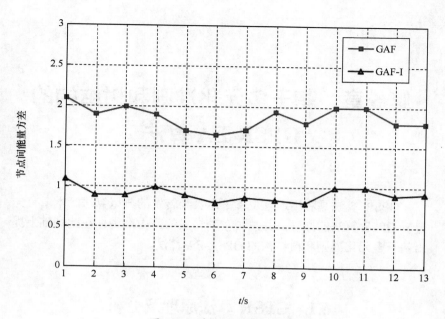

图 5.10 节点间能量方差图

综合以上仿真和分析，GAF-I 算法能够有效均衡节点能耗，延长网络生命周期，达到了改进的目的。

第6章 基于多元化准则和树结构的 GPSR-EA 算法

GPSR 算法是利用地理位置信息贪婪转发的典型算法。本章首先分析 GPSR 算法的原理，并总结贪婪转发的路由准则，在此基础上提出基于多元化准则和树结构的 GPSR-EA 算法。

6.1 GPSR 算法原理及分析

6.1.1 GPSR 算法原理

在 GPSR 算法中，节点维护一张邻居表，邻居表中记录了节点通信范围内节点的标志和地理位置等信息。节点通过周期性的向邻居节点发送信标的方式来确定邻居节点是否失能并检测是否有新的节点加入。当节点局部拓扑发送变化时，节点更新邻居表。当节点的通信范围有多个节点时，节点收到的信标可能会冲突，因此，节点每隔时间 T 发送一次信标，T 在 $[0.5B, 1.5B]$ 服从均匀分布，B 为发送信标的平均时间。

GPSR 算法采用贪婪转发的方式发送数据报文，将数据报文传递给距离目的节点欧式距离最近的邻居节点，如此反复，直至目的节点。如图 6.1 所示。

贪婪转发的方式简单高效，节点直接根据节点的局部拓扑知识，就可以将数据报文转发出去，但由于贪婪转发过程中路由准则的固定性，节点会遇到空洞引起的局部优化问题。如图所示，当源节点 S 发送数据报文，经贪婪转发至 F 节点时，F 节点本身是邻居表中距离目的节点 D 欧式距离最近的节点，但目的节点 D 又没在自己的通信范围内，此时，节点无法将数据报文贪婪转发出去，这就是空洞引起的局部优化问题。此时，节点 F 只能通过其他方式，经通信范围内的节点 W 或 Z 转发至节点 D。F、W、Y、D、E、Z 节点围成的区域 void 称为"空洞"。

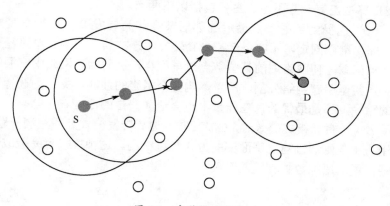

图 6.1　贪婪转发示意图

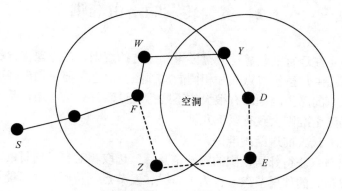

图 6.2　空洞及局部优化问题示意图

GPSR 算法根据节点的局部拓扑知识，构建 GG 图和 RNG 图，删除交叉的边，采用右手定则，通过处于空洞边界的节点进行转发，直到贪婪转发再次有效。

6.1.2　GPSR 算法分析

GPSR 算法只需要维护一张邻居表，直接利用节点之间的空间位置信息，将数据转发，不需要发现路由，也不需要维护路由表，大大节省了路由发现和维护的控制开销。同时，节点通过周期性广播信标信号，实时更新邻居表，能够适用拓扑结构动态变化的网络。当然，GPSR 算法也有一些不足，主要包括以下两点。

（1）选择到目的节点最近的邻居节点作为转发节点运行贪婪算法，路由准则固定，不够灵活，贪婪转发中静态的下一跳和单路径造成热点问题，使网络中的某些节点过早死亡，进而增加网络中空洞的数目，甚至引起网络分割，严重影响整个网络的性能。另外，选择转发的路径，不是最优的，在能量上也会造成一定的浪费。

（2）当贪婪模式失效时，GPSR 转入边界转发模式处理空洞问题，使用右手定则通过建立平面图的方式绕过空洞。这种方式容易造成长路径问题，增加数据转发的时延。

6.2　贪婪转发的路由准则

节点在运行贪婪算法时需要遵循一定的规则，在地理位置已知的路由算法中，虽然节点获知相同的局部拓扑信息，但它们选择下一跳转发节点的路由准则却有很大的不同。经过研究分析总结，基于地理位置的路由准则大致有以下几种。

（1）最大前进距离准则。

当节点获得邻居范围的拓扑信息后，选取相对自己向目的节点移动距离最大的邻居节点，作为下一跳转发节点，从而，尽可能地降低端到端的跳数。

（2）最小前进距离准则。

与最大前进距离准则正好相反，当节点获得邻居范围的拓扑信息后，选择与自己距离最近（相对自己移动距离最短）的邻居节点作为下一跳转发节点。这种机制对节点之间通信的干扰性会有一定程度的减弱，但同时会带来路由跳数的增加，在一定程度上，有利于节约整个网络能量的消耗。

（3）最小偏离角度准则。

当节点获得邻居范围的拓扑信息后，并且得知目的节点的地理位置信息，则可以计算出邻居节点相对于自己和目的节点连成直线方向的偏离角度，从而选择偏离方向角度最小的节点作为下一跳转发节点。偏离角度越小，节点在传递数据报文过程中的能效越高，偏离角度越大，则传递报文的能效越低。

（4）理想最优下一跳准则。

在节点建立邻居表的过程中，通过 hello 报文的发送和接收，可以计算出节点到各个邻居节点之间发送数据报文所需的功耗。当得知邻居节点和目的节点的地理位置信息后，可以对邻居节点和目的节点之间的理想最小功耗进行计算，从而选择节点和邻居节点通信功耗和邻居节点与目的节点理想最小功耗之和最小的节点作为下一跳转发节点。

（5）假设 P 为从当前节点发送单位数据信号到邻居节点所需的能耗，假设 D 为邻居节点相对当前节点向目的节点的移动距离，选择 P/D 值最小即单跳能量效率最高的节点作为下一跳。

（6）根据当前节点和目的节点之间的距离、信道衰减系数和收发信机功耗参数，计算从当前节点去往目的节点的最优下一跳位置，在自己的邻居节点表中，选择距离最优下一跳位置最近的节点作为转发节点。

6.3 GPSR-EA 算法

GPSR 算法中固定的路由准则容易造成单路径和热点问题，本章在对贪婪转发路由准则总结的基础上，提出多元化的路由准则，并针对贪婪转发中经常遇到的空洞问题，给出一种基于树结构的空洞解决方案。

6.3.1 网络模型

（1）节点部署完之后不移动，只会因为能量的耗尽而失能；

（2）网络的拓扑结构只会因为节点失能而动态变化；

（3）节点可通过 GPS 等定位模块获得自身地理位置，目的节点地理位置在数据包中携带，节点收到数据包后可获得目的节点地理位置；

（4）节点维护一张邻居表，邻居表定期维护，邻居表包括邻居节点的地理位置信息，节点剩余能量信息等。

6.3.2 GPSR-EA 算法执行流程

GPSR-EA 算法根据以上多元化的路由准则，动态的选择下一跳节点转发数据报文，并建立以基站为根的树结构。当节点遇到空洞时，直接将数据报文传递给父节点，沿最优路径转发至基站。其执行流程如如 6.3 所示。

6.3.3 GPSR-EA 算法路由准则

为解决 GPSR 算法中固定的路由准则造成的单路径和热点问题，GPSR-EA 算法采用如下三个因子组成多元化的路由准则。

（1）节点到邻居节点的距离和邻居节点到目的节点的距离。节点距离目的节点越近，数据包通过该节点转发可以更快地到达目的节点，时延更短。

（2）邻居节点的剩余能量。将转发能耗尽可能地平衡到剩余能量较大的节点上，延长网络生命周期。

（3）节点偏转角，即节点偏离目的节点的角度。偏转角越小，路由节点收敛性越好，节点的能量效率越高。

GPSR-EA 算法在 GPSR 算法的基础之上，进行了改进和优化，首先通过将本节点到目的节点的距离和邻居节点到目的节点的距离进行比较，确定处于前向区域中的节点，然后在运行贪婪算法前对节点的能量进行判断，剔除能量小于预设阈值的节点。最终通过路由准则选出转发节点贪婪转发。

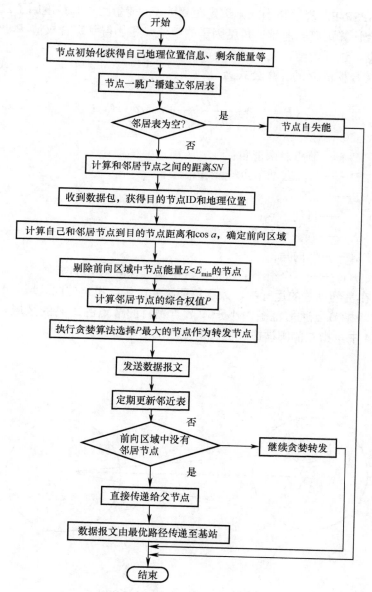

图 6.3　GPSR-EA 算法执行流程图

91

GPSR-EA 算法路由准则选定距离因子、能量因子和角度因子。节点综合计算距离、能量、角度因子的权值，相加得到综合权值 P，作为判据，进行贪婪转发。

综合权值 P 的计算公式为

$$P = \frac{E_i}{E} + \frac{SD}{N_i D + N_i S} + \cos\alpha + r(x) \qquad (6\text{-}1)$$

式中　E_i——节点剩余能量；

　　　E——前向区域节点能量和；

　　　S——源节点；

　　　D——目的节点；

　　　N_i——转发邻居节点；

　　　A——偏向角；

　　　$r(x)$——一个很小的随机数，用来确保判据 P 的唯一。

在贪婪算法的运行中，为避免环路的产生，设定前向区域。前向区域即指节点通信范围内小于本节点到目的节点的距离的区域。如图 6.4 中，指左侧圆被虚线圆弧所截取的右半部分。

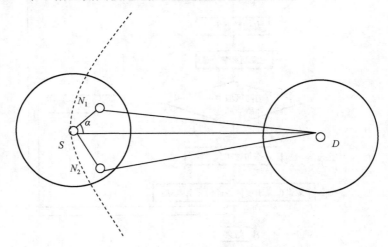

图 6.4　路由准则综合权值示意图

当已知地理位置时，GPSR 只是考虑转发节点到目的节点的距离，盲目的选择离目的节点距离最近的节点，而忽略了源节点到转发节点的距离因素。因此，在 GPSR-EA 算法中，将源节点到转发节点的距离因素也考虑在内，距离因子公式表示为 $\dfrac{SD}{N_iD + N_iS}$。

为解决 GPSR 贪婪算法运行时的单路径和热点问题，引入能量因子。首先节点可以通过获得电池的电量来得到自己的剩余能量 E,在前向区域中应优先选择剩余能量较大的节点作为转发节点，以此来平衡全网节点能耗，提高整个网络的生命周期。所以能量因子设定为 E_i/E。在无线传感器网络中，当节点能量较少时，应避免转发功能，而将剩余能量用于采集和发送自己的信息以及接受必要的控制信息，所以在运用贪婪算法前，对节点的能量进行判定，当节点能量值小于预设阈值时，避免节点参与转发。

在前向区域中的节点中，节点相对目的节点的偏离角度 α 也是不同的。α 越小，节点能量效率越高，更加节能，所以在综合权值中，引入角度因子，用 α 的余弦来表示：

$$\cos\alpha = \frac{SD^2 + SN_i{}^2 - N_iD^2}{2SD \times SN_i} \tag{6-2}$$

另外，综合权值的距离、能量因子都是用比值的形式表示，在进行相加后，最后得到的综合权值可能会相等，所以在表达式中增加一项随机因子 $r(x)$，用于避免前向区域中节点综合权值相等情况的出现，$r(x)$在一个非常小的区间内随机取值，不会影响到综合权值的判断。

6.3.4　GPSR-EA 算法对路由空洞的处理

6.3.4.1　路由空洞分析

路由空洞问题是由于运行贪婪转发路由准则的固定性与地理位置的空间唯一性的矛盾造成的，解决空洞问题，关键是找到空洞节点到目的节点的的优化路径。在 GPSR 算法中，对路由空洞的处理策略是采用右手定则，通过建立 GG 图和 RNG 图，以边界转发的方式绕过空洞。GPSR 的边界转发方式能够有效绕过空洞，重新回到贪婪转发模式。但节点分布式建立平面子图的算法较为复杂，且边界绕路容易造成长路径问题，带来路由的时延。此外，目前常见的空洞问题的解决思路还有以下几个方面。

（1）增大发射功率。

这是最简单的解决空洞问题的方法。但需要节点支持多级功率，并且当增加功率也无法转发时，会造成数据报文的丢失，没能从本质上解决空洞问题。

（2）定向洪泛。

当节点遇到路由空洞时，直接向目标方向进行区域泛洪，将数据报文通过广播的方式传输至目的节点。这种方式可以方便快捷的将数据报文传递到目的节点，但数据报文的广播，增加网络转发能量的开销。

（3）反馈回传。

节点贪婪算法失效时，将数据报文回传给上一跳节点，由上一跳节点重新选择另外的节点转发，同时本节点标记为空洞节点，避免数据报文的转发。这种方式在一定程度上可以避开空洞，但数据报文可能会反复遇到空洞，不断上传，带来路由的时延。

（4）节点移动。

当节点面临局部优化问题时，节点可通过自身的移动摆脱困境，重新找到通信范围内适用贪婪算法的邻居节点，将数据报文转发出去。这种方式通过动态改变网络的拓扑结构，解决网络拓扑对节点路由算法的影响，但仅仅适用于移动 Ad-hoc 网络。

6.3.4.2　基于树结构的空洞处理机制

在基于地理位置的贪婪算法，节点需要定期维护一张邻居表，并当网络拓扑结构变化时，需要更新邻居表。在 GPSR 等算法中，通常采用定期发送信标的方式，监测邻居节点的状态，并进行相关信息的更新操作。在此基础上，提出一种基于树结构的空洞处理机制。基本思路如下：基站广播一条 hello_area 报文，在网络内自由泛洪，收到 hello_area 报文的节点根据邻居发送的 hello_area 报文中的信息，基于到基站的跳数和能耗选择某个邻居节点作为自己的父节点，建立父子关系。节点通过父节点，可以将数据转发至基站。节点定期更新邻居表，保证当前通过父节点建立的到基站的路径是最优路径。当节点运行贪婪算法遇到局部优化问题时，直接将数据报文传递给自己的父节点，由父节点转发直至基站。

在最优路径的建立过程中，选择节点到基站的跳数、路径总能耗和节点剩余能量三个参数作为选择转发节点的路径权值。

路径权值计算公式：

$$P = a \times E_1 - b \times H - c \times E_0 \qquad (6\text{-}3)$$

式中　P——路径权值；

　　　a、b、c——常量；

　　　E_0——路径总能耗；

　　　E_1——节点剩余能量；

　　　H——节点到基站的跳数。

以基站为根的树结构的建立过程如下。

（1）节点广播 NeighborTable 报文，建立邻居表并定期进行维护。
簇首节点存储的邻居表 NeighborTable 的信息格式如图 6.5 所示。

N_id	(x,y)	0/1	E_0
E_1	E_2		

图 6.5　邻居表 NeighborTable 的信息格式

节点 N_id、节点坐标(x, y)、节点关系标志（孩子节点 0、父节点 1）、最佳路径总能耗（维护的上一跳节点到簇首的总能耗 E_0）、节点剩余能量 E_1、通信能耗（自己到邻居簇首节点的能耗 E_2）。

（2）基站广播 hello_area 消息。

hello_area 的信息格式如图 6.6 所示。

基站 S_id 和基站坐标(X, Y)、转发节点 N_id 和坐标(x, y)、路由跳数 H、节点剩余能量 E_1、路径总能耗 E_0。

S_id	(X,Y)	N_id	(x,y)
H	E_0	E_1	

图 6.6　hello_area 的信息格式

（3）邻居节点在接收到 hello_area 时，读取 hello_area 中的内容，根据公式（6-3）计算综合权值 P，选出 P 最小的 hello_area，把该 hello_area 的上一跳转发节点作为自己的父亲节点，并向其发送一条加入消息 ACK；然后将 hop 加 1，计算 hello_area 从上一跳到自己这一跳的能量损耗 E_2，将 E_2 加到路径总能耗 E_0 里，将 E_1 替换为自己的剩余能量，将转发节点 ID 和坐标替换为自己的 ID 和坐标，将新的 hello_area 转发出去。另外，将发给自己 ACK 消息的节点加为自己的孩子节点。每个节点都只有一个父节点。

（4）广播完成后，每个簇首节点都可以由自己的父亲节点中继转发至基站，于是节点到基站的最优路径建立完毕。

（5）更新最优路径。

节点之间定期交换信息，更新邻居表信息，同时计算路径权值 P。当前转发节点路径权值 P 大于其他邻居节点时，节点解除和转发节点的父子关系，将路径权值 P 最小的邻居节点作为自己新的父节点，建立父子关系。当有新节点加入网络时，通过邻居表信息的交换，直接选择综合权值最小的节点作为自己的父节点，建立父子关系。

（6）当父子关系建立后，节点也同时找到了到基站的最优路径。当节点贪婪转发失效时，直接将数据报文传递到父节点，由父节点组成的最优路径路由至基站。

GPSR-EA 算法中基于树结构的空洞处理机制，能够有效解决贪婪算法中当网络规模增大时经常遇到的空洞问题，具有良好的可扩展性如图 6.7 所示。

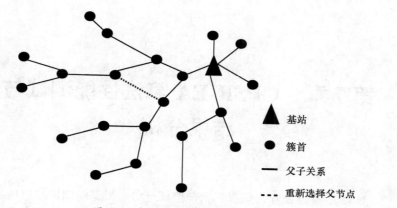

基站

簇首

父子关系

重新选择父节点

图 6.7 节点间建立的树结构示意图

第 7 章　GPSR-EA 算法性能测试与结果分析

NS2 是源码公开、免费的软件仿真平台，很多路由协议可以直接移植到 NS2 仿真环境中进行测试和仿真。本章采用 NS2 仿真平台对 GPSR-EA 进行性能的测试和仿真，并和 GPSR 算法进行对比分析。

7.1　仿真工具 NS2 介绍

1. NS2 平台介绍

NS2（Network Simulator Version 2）是一个离散事件模拟器，它的核心是一个离散事件模拟引擎。它有一个"调度器"来调度网络事件队列中的事件，并制定事件发生的时间。国内外学者较多采用 NS2 进行仿真。

NS2 主要运用两种面向对象的语言来实现，即 C++和面向对象的脚本语言 OTcl。其中，因为底层通常需要设计复杂的算法和数据结构，而 C++效率高、运行速度快，所以它很适合底层的实现。另外，在网络仿真时需要多次设置仿真环境，而 Tcl 可以快速方便设置仿真过程所需的参数，实现得到各种环境下的仿真结果。

2. NS2 的框架结构

C++和 OTcl 两种面向对象语言实现了 NS2 仿真平台，前者可以快速高效地进行底层实现，后者可以修改仿真环境参数，两者通过使用 Tclcl 工具包关联起来从而实现相互自由地调用。它们与 Tclcl 工具包之间的关系如图 7.1 所示。

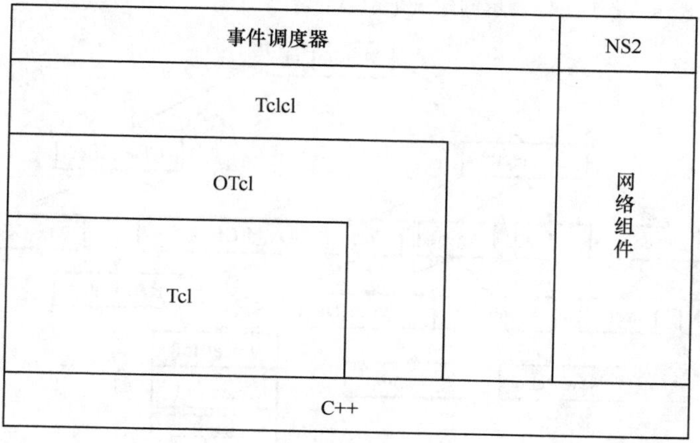

图 7.1   NS2 框架

NS2 是由事件调度器调度来驱动事件模拟的。其中，仿真模拟时所需要的构件通常在 C++中实现，OTcl 中的类则主要提供 C++对象面向用户的接口。从框架图可以看出，C++是 NS2 的基础和核心，然后是桥梁作用来连接 C++和 OTcl 的 Tclcl 组件库。

3. NS2 仿真组件

除了 NS2 的核心离散事件模拟引擎来调度事件，NS2 还为我们提供了一个丰富的进行网络模拟仿真时需要的网络构建库，其中，数据流库、包库、代理、队列库、链路库和节点库等都包括在内。还有就是构件库可以支持多种网络，如移动通信网、无线个域网、广域网局域网等，图 7.2 是 NS2 的组件库层次图。

1）节点（Node）

节点类不是 TclObject 类的一个子类，它是 OTcl 中单独存在的一个类。然而构成节点的大部分组件本身也是 TclObject，一个节点结构通常包含两个 TclObject，即一个地址分类器和一个端口分类器，这些分类器可以将接收到的包分发到正确的代理或者输出链路。节点组件可以这样来创建：

```
set ns [new Simulator];//表示创建一个模拟对象
$ns node;//表示创建一个节点对象
```

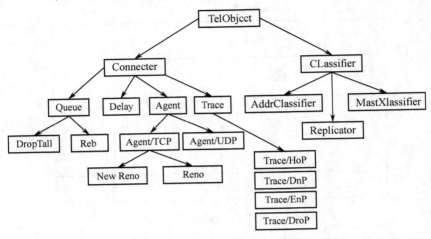

图 7.2 NS2 构建库层次结构

单个节点最少由五部分构成，即节点 ID 号、节点的类型判别器（Classifier）、节点的代理链表、节点邻居链表以及路由表。在创建节点时，可以在 OTcl 代码中用 node-config 方法来对节点进行配置，并且根据仿真环境的需要对节点的配置进行改变。

2）连接器（Connector）

连接器与分类器不同，只为一个接收者产生数据，将收到的分组处理后转交给 target_或者 drop-target_。NS2 中有多种连接器，各种连接器完成不同的功能。Connector 类的派生类中与链路相关的有networkinterface 接口用来识别 packet，DynaLink 用来判断链路状态是up 还是 down 来控制传输的对象。TTLChecker 用来判断在 packet 到达时减少其 ttl 的值。

3）队列（Queue）

作为 Connector 类的派生类，类 Queue 用来存包或丢包，可以实现几种队列类型，如先进先出（FIFO）、丢掉队尾（drop-tail）、CBQ 等。

4）代理（Agent）

Agent 代表了网络层的分组的起点和终点，并被用于各层协议的

100

实现。Agent 类是由 OTcl 和 C++共同实现的，它包括两种类型的代理：UDP 代理、TCP 代理。

5）数据流（Traffic）

Traffic 主要有三种：FTP 数据流、CBR 数据流和 Possion 数据流，它需和代理对象绑定在一起，进而可以产生实际的数据包。

4. NS2 仿真相关工具

1）动画显示工具 Nam

Nam（Network Animater），通常与 NS 模拟器配合使用，根据网络模拟软件的某种格式的跟踪 trace 文件来运行动画。通过动画显示来直观展示网络运行情况。Nam 是一种 Tcl/Tk 开发的动画工具，来可视化运行 NS 脚本所产生的踪迹。使得人们能够直接观察到网络的拓扑结构，包的传输路径，以及队列管理等情况。Nam 的使用非常简单，主要是动画播放的一些基本操作，如开始、停止、快进、快退等，并且可以自行设置播放的时间和速度。图 7.3 是 Nam 的一个运行图。

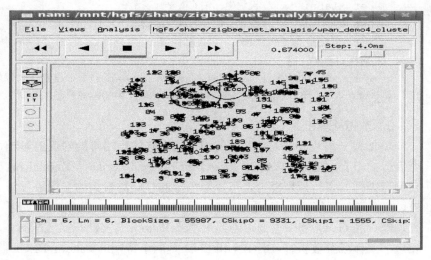

图 7.3　Nam 工具示意图

2）图形绘制工具 gnuplot

Gnuplot 并不是一般的美工绘图软件，它是一个命令互动的交互式画图软件，它的功能是把用二维或者三维图形直观地表示数据资料或者数学函数，使得研究者更容易观察分析。并且研究者可以自由地选择图形显示的方法和格式。它可以在一个文件中选择显示一个或多个图形，从而有利于研究者进行对比分析。另外，它在 Unix、Linux 和 Windows 平台下都可以运行，并且在各种平台上使用的方法基本相同，我们本次使用的就是在 Linux 环境下进行图形显示的。

在做实验室，一般都把数据存放在数据文件中，gnuplot 可以从数据文件中读入数据并绘制图形，要求数据的格式很简单，通常是两列或者多列。画图命令为 plot 后面跟文件名，如 aa.data，此外 plot 后可以根据不同需要跟相应的命令选项。

下面通过一个简单例子来介绍一下如何使用 gnuplot 画图：

```
set term png //设置图形保存的格式
set output 'a.png'//设置图形的文件名
set title 'aa'//设置图形的标题
Set xlabel 'x'//设置坐标轴的横坐标表示
Set ylabel 'y'//设置坐标轴的纵坐标表示
Set xtics 0,0.5,10//x 轴坐标获得 0、0.5、1、1.5、2、…、
```
9.5、10 这样的刻度

```
Plot [0:10][0:5] 'aa.data' with linespoint//设置 x 为 0
```
到 10，y 为 0 到 5，用带点的连续线来将文件 aa.data 中的数据图形表示。

3）数据处理工具 Gawk

Awk 是一种程序语言，名称的由来是由它的创始者的姓氏的第一个字母的组合：Alfred V.Aho，Peter J.Weinberger，Brian W.Kernighan。它具有很强的资料处理能力，可以用很短的代码对较大的文档进行修改、分析和处理等。Gawk 是 GNU 开发的 Awk，Gawk 包含 Awk 的所有功能。在 Gawk 程序里面，当匹配模式 Pattern 与文档记录匹配时，相应的操作就会被执行。BEGIN 和 END 是两个特别的 Pattern，BEGIN 的 action 在 Gawk 开始执行时执行，而 END 的 action 在 Gawk 结束时执行。通常，Gawk 代码编写如下模式 BEGIN { } { } END { }。具体操作命令：Gawk -f leach-ml.awk leach-ml.tr> leach-ml.txt。

7.2 使用 NS2 进行网络仿真的方法和步骤

在用 NS2 进行网络模拟仿真之前要确定仿真所关联的层次，因为对于 NS2 来说有两个仿真层次，分别是 OTcl 脚本层次的仿真和后端 C++和 OTcl 层次的仿真。仿真过程中，如果利用 NS2 已有的元素就可以满足需要，则只需修改 OTcl 脚本，设置相关仿真参数，尔后进行仿真。如果 NS2 中已有的元素不能满足需要，则需要利用分裂对象模型，对 NS2 进行扩展，首先需要修改后端 C++源文件，添加相应的类，再在 OTcl 脚本中将 C++中定义的类与之关联即可。具体流程如图 7.4 所示：

如果仿真所需的构建已经在 NS2 中包含，只需进行 OTcl 层次的修改即可，仿真的步骤如下所示。

（1）编写 OTcl 脚本，配置网络结构，节点特性和链路特征等；

（2）定义协议代理并绑定到设备，建立通信业务量模型；

（3）对通信业务量模型中的参数进行配置，进而得到网络业务量分布情况；

（4）设定跟踪对象，来将仿真过程中的事件踪迹记录在.tr 文件中，利用 NS2 中的工具来分析 trace 文件，进行相关研究；

（5）编写其他所需仿真过程函数，并设定仿真开始和结束时间，OTcl 脚本编写完毕；

（6）使用 ns .tcl 命令来执行该 OTcl 脚本；

（7）根据需要编写 Awk 脚本，分析 trace 文件，得出所需数据，然后用画图工具 XgraPh 或 Gnuplot 等对数据进行图形显示，并且可以使用 nam 工具将图形界面以类似媒体播放器的形式展示公大家观看；

（8）修改拓扑结构参数和业务量模型参数，再次进行上述仿真。

如果 NS2 中原有构件不能满足需要，需要对 NS2 进行扩展，扩充的方法是修改原有模块扩展添加新的协议类。一般在添加新协议时都可以在 NS 目录下找到其功能实现的相关组件部分。在该目录下直接添加新协议的源文件，使得 NS 的文件结构比较清晰。再进行重新编译，使得新增协议生效。扩充文件可以通过继承 NS2 原有的代码来实现，这是 NS 面向对象的机制所决定的。具体的扩充方法如下所示。

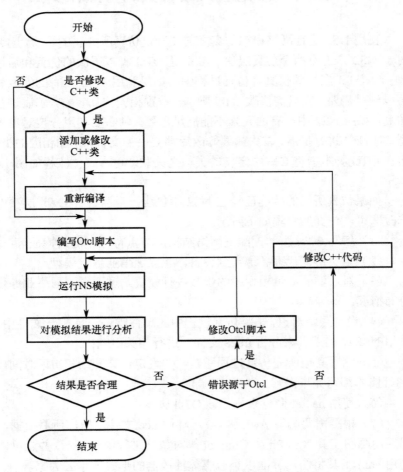

图 7.4 利用 NS2 进行网络模拟的过程

（1）定义新的 C++协议类或者继承原有 NS2 中的 C++协议类；

（2）定义该类的成员变量和成员方法，并进行具体实现；

（3）在前端定义相关的 Tcl 类和变量；

（4）完成 C++部分和 Tcl 部分的绑定工作；

（5）重新编译，完成协议的添加和修改；

（6）编写 OTcl 脚本，仿真测试新协议。

7.3 GPSR-EA 算法实现及仿真结果分析

7.3.1 GPSR-EA 算法在 NS-2 下的实现

首先，将 GPSR_KeLiu_SUNY_Binghamton 版本的 GPSR 在 NS-2 下的源代码加载到我们安装在 Linux 下的 NS-2 下，编译通过后，我们对 GPSR 中的贪婪转发模式进行改进，得到 GPSR-EA 在 NS-2 下的实现源码：

```
nsaddr_t GPSRNeighbors::gf_nexthop(double dx, double dy) {
    struct priorityStruct{
        double data;
        nsaddr_t id;
    };
    struct priorityStruct priority[100];
    struct gpsr_neighbor *temp=head_;
    double srcnodedis=getdis(my_x_,my_y_,dx,dy);
    double tempdis[100]={0};
    double energy[100]={1};
    double srcnodeenergy;
    double sumenergy=0;
    double srcnextdis[100]={0};
    int i=0;
    int num=0;
    int flag=0;
    priorityStruct maxpriority;
    nsaddr_t nexthop;
```

```
        Node* thisnode=Node::get_node_by_address(my_id_);
        if (thisnode) {
                if (thisnode->energy_model()) {
                    srcnodeenergy = thisnode->energy_model()
->energy();
                }
        }
        sumenergy+=srcnodeenergy;       //加入节点能量因子
        while(temp){
            tempdis[i] = getdis(temp->x_, temp->y_, dx, dy);

    srcnextdis[i]=getdis(temp->x_,temp->y_,my_x_,my_y_);
            priority[i].id=temp->id_;
            Node* thisnode = Node::get_node_by_address(temp-
>id_);
                    if (thisnode) {
                        if (thisnode->energy_model()) {
                            energy[i] = thisnode->energy_model
()->energy();
                        }
                    }
                    sumenergy+=energy[i];
            temp=temp->next_;
            i++;
            num++;
        }
        for(int j=0;j<num;j++){
            if(tempdis[j]<srcnodedis){
            flag=1;
                double
cos=((srcnextdis[j]*srcnextdis[j]+srcnodedis*srcnodedis)-(
tempdis[j]*tempdis[j]))/(2*srcnextdis[j]*srcnodedis);
//角度的余弦公式计算
                int n=rand()%10;
```

```
                 float frand=n/(pow(10,7));
     priority[j].data=energy[j]/sumenergy+srcnodedis/(tempd
is[j]+srcnextdis[j])+cos+frand;         //计算节点的综合权值
         fprintf(stdout, "  %d   %lf   %lf   %lf  \n " ,
priority[j].id,energy[j],cos,priority[j].data);
                         if(j==0){

maxpriority.data=priority[0].data;
                         maxpriority.id=priority[0].id;
                         }

if(maxpriority.data<priority[j].data){

maxpriority.data=priority[j].data;
                         maxpriority.id=priority[j].id;
                         }
             }
        }
    if(flag==1)
    {
     nexthop=maxpriority.id;权值最大的节点作为下一跳转发节点
     fprintf(stdout,"the next hop is:%d\n\n\n",nexthop);
     return nexthop;
    }return -1;      //转入边界转发模式
    }
```

7.3.2 GPSR-EA 算法仿真场景设置

当得到 GPSR-EA 算法在 NS-2 下的实现源代码后, 还需要对网络
场景进行相关的设置。在 200m×200m 的矩形区域内, 设置节点个数
为 100, 节点间的距离为 20m, 每个节点的通信距离都是 40m, 加入
能量模型, 节点的初始能量设为 1000mJ, 在节点 0 和 98 之间建立一
条 cbr 数据流, 发送数据包的间隔为 2s 的时间, 仿真在 150s 的时候
结束。场景如表 7.1 表所示。

表 7.1　场景参数列表

仿真参数	取值
区域大小	200m×200m
节点个数	100
节点间距离	20m
节点通信距离	40m
初始能量	1000mJ
mac 层算法	802.11
数据流	cbr 流
数据包间隔	2.0s
仿真时间	150.0s

执行相应的场景脚本文件，同一目录下会生成仿真过程的跟踪文件*.tr 和 nam 文件。通过 trace 文件可以观察到 cbr 流产生的数据包，以及每个数据包的转发节点。在 NS 终端运行 nam 文件，可对仿真的过程进行演示，从而直观的观察到节点之间数据包的传递和转发。最后，编写 awk 脚本文件，对 trace 文件进行相应数据的提取，使用 gnuplot 画图软件生成仿真结果图示。

7.3.3　GPSR-EA 算法和 GPSR 算法仿真结果对比分析

下面主要从节点能耗均衡性、最大化网络生命周期和对空洞的处理性能三个方面对 GPSR-EA 算法仿真测试，并和 GPSR 算法进行对比分析。

1. 节点能耗均衡性

无线传感器网络中，节点之间的能量变化差距的大小，可以反映网络路由协议均衡能耗的性能。如果路由协议具有较好的均衡能耗的性能，在路由转发时，会动态的选择下一跳转发节点，将转发能耗均衡到多个节点上，减小节点之间的能量方差，从而最大化网络生存时间。因此，对运行 GPSR 和 GPSR-EA 算法后，网络中不同节点的剩余能量进行仿真分析，如图 7.5 和图 7.6 所示。

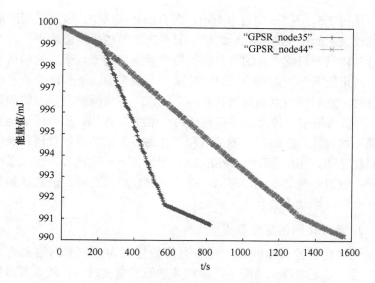

图 7.5　GPSR 中节点 35 和 44 的能量值的变化比较图

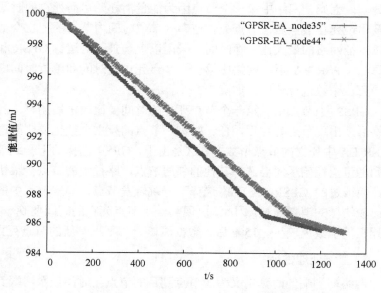

图 7.6　GPSR-EA 中节点 35 和 44 的能量值的变化比较图

从图 7.5、图 7.6 中可以看出，在 GPSR 算法中，节点之间的能量差值较大，而在 GPSR-EA 算法中节点之间的能量差值较小。这是因为 GPSR 只是根据到目的节点的距离选择离目的节点最近的邻居节点作为固定的下一跳，对于网络中的某一节点来说，下一跳节点是固定不变的，直到该节点能量消耗殆尽而死亡，才重新选择其他的邻居节点，所以网络中路径上的节点会成为"热点"。因而，整个网络能量分布是不均匀的，在路径上的节点和不在路径上的节点能量消耗速度会有明显差别。而改进后的 GPSR-EA，因为在下一跳选择上加入了能量因子，根据能量的变化动态的选择下一跳，节点之间的能量消耗速度基本一致，因此不会有太大差距。

2. 最大化网络生命周期

无线传感器网络的最大化生存周期定义为传感器网络的有效使能时间，即无线传感器网络能够相关功能的最长时间。随着节点能量的消耗，网络中不断有节点因为能量耗尽而脱离网络，最终造成网络的分割。因此，网络中第一个节点因为能量消耗殆尽而死亡的时间，以及出现死亡节点后，节点死亡速率（单位时间内节点的死亡个数）可以表征网络的最大化生存时间。采用以上场景，对运行 GPSR 和改进算法 GPSR-EA 后，网络中第一个节点死亡的时间和单位时间内节点的死亡个数进行分析，如图 7.7 所示。

GPSR 中节点出现第一个节点死亡的时间要比改进后的早，且在网络后期出现节点死亡后，任一时刻，节点的死亡个数也要比改进后 GPSR-EA 中死亡的节点个数多。这是由于，GPSR 选择的下一跳节点直到能量消耗殆尽才会选择其他的邻居节点，路径上的节点会很快死亡，而改进的 GPSR-EA 动态选择下一跳转发节点，邻居节点中的节点比较均衡的消耗能量，因此，出现第一个节点死亡的时间要晚一些，且死亡的个数也较少。150s 后，数据流停止，不再有新的节点死亡。

3. 空洞处理性能

网络端到端的时延定义为源节点到目的节点的时间。网络端到端的时延可以反映网络中路由协议的实时性能。影响网络中端到端时延的因素主要为源节点将数据报文成功发送到目的节点所需要转发节点转发的跳数。跳数越多，时延越大，跳数越少，时延越小。因此，当节点遇到路由空洞时，将数据报文通过其他转发模式传递到目的节点的跳数或传递时间可作为表征节点空洞处理策略性能的指标，如图 7.8 所示。

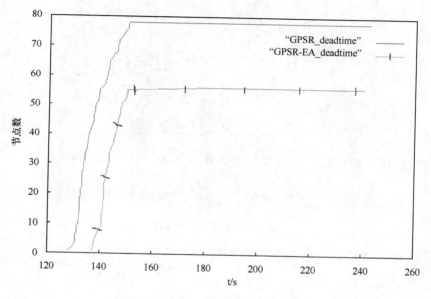

图 7.7　节点死亡个数与时间关系图

采用以上场景文件，并使其中的 33、34、35、36、43、44、45、46、53、54、55、56、63、64、65、66 节点失能，不再具有路由转发的功能。通过此种方式在整个矩形网络的中间构造一个空洞，当 cbr 流从 77 节点转发至 0 节点的路由过程中，66 节点会遇到局部优化问题。此时，不同算法会转入不同的转发模式，进行空洞的处理。对 cbr 流中 ID 号为 250 至 2000 的数据包进行统计分析，计算 GPSR-EA 算法中 cbr 流从源节点到目的节点传递时间，并和 GPSR 对比分析，如图 7.9 所示。

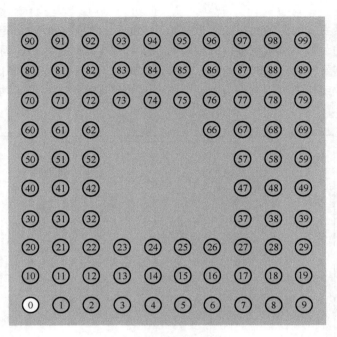

图 7.8　空洞场景示意图

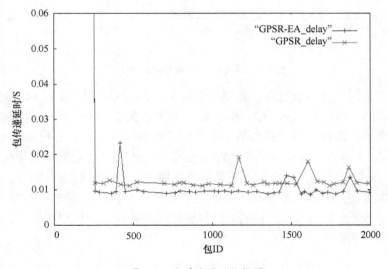

图 7.9　端到端时延比较图

我们看出，GPSR 算法的 cbr 包的传递时间要大于 GPSR-EA 算法的传递时间。这是由于，在 GPSR 算法中，采用边界转发的方式绕过空洞，且固定地采用右手定则，因此中间经过节点转发的次数较多，路径较长，因此时延较大。而在 GPSR-EA 算法中，当 43 节点遇到路由空洞时，直接将节点转发给了父亲节点，父亲节点根据建立的最优路径传递至目的节点。最优路径建立的过程中会选择到目的节点跳数较小的节点进行转发，因此，整条路径的转发次数较少，路径较短，因此，cbr 数据包的传递时间较小。

第 8 章　无线传感器网络拓扑控制技术分析

本章首先对 WSN 的相关技术进行分析，包括 WSN 体系结构、拓扑结构和传感器节点的结构。其次，对 WSN 拓扑控制进行分析，介绍拓扑控制算法的设计目标，根据拓扑控制算法的分类着重介绍了的几种典型的拓扑控制算法。

8.1　无线传感器网络概述

WSN 大多具有以下几种拓扑结构：星状（Star Topology）、网状（Mesh Topology）、混合状（Hybrid_network Topology）和簇树状（Cluster_tree Topology），每种拓扑结构都有其自己的特点。

1. 星型拓扑

星型结构由多个传感器节点与一个基站（BS）节点组成，BS 和节点以单跳的方式进行交互和消息的收发，是 WSN 中最简单的一种拓扑结构。节点与 BS 可进行信息的双向交互，而网络中普通节点之间不能进行任何消息的传递。星型拓扑结构要求 BS 具有较高的实时性和可靠性，因为一旦 BS 出现故障就会使整个网络瘫痪无法继续工作，这也是该结构最大的短处所在。但也正是因为该结构较为简单所以其形成的网络中节点之间传输距离比较短，因而耗能很低，所以在监测范围不太大的网络环境中使用得比较广泛，比如较为常见的医疗监控系统。

2. 网状拓扑

网状拓扑结构中，网络中的所有节点都可通过单跳（Single_hop）或多跳（Multi_hop）方式进行数据的转发和传输，这使得相对距离较远的节点之间亦可进行通信，所以该结构可广泛地应用于要求覆盖范围较大的区域中。除此之外，由于节点间需要进行多跳传输，这就要求该结构具有较强的健壮性和鲁棒性，因为当某些节点停止工作时，需要其他节点及时弥补，才能使整个网络继续维持运行状态。也正是因为如此，网状拓扑结构网络中的所有节点在收发消息的同时必须时时刻刻监听整个网络的消息，所以节点的能量消耗非常大，使整个网络系统的成本增大。

3. 混合网络拓扑

星型拓扑和网状拓扑的组合构成了混合拓扑结构，不仅具有低功耗、高性能、实现简单等星型结构的优点，还包含了覆盖区域大、节点之间通信距离长、网络结构健壮等网状拓扑结构的优点。这种类型的结构的特点是传感器节点以星型方式分布，而路由器（Router）和中继器（Repeater）以网状结构混合而成。在该网络中，当某个 Repeater 或链路出现故障或受到干扰时，传感器节点仍可形成一个新的网络，从而使得整个网络继续正常工作。Hybrid_network 承袭了 Star topology 和 Mesh topology 的长处，摒弃了它们的不足，是这两种拓扑结构的折衷，因而也是相对应用较为广泛的一种拓扑结构。

4. 簇树网络拓扑

簇树网络拓扑中的节点不能像混合型网络那样可以直接进行消息的收发，而是需要协调器节点（Coordinator_node）来充当中介来回传递消息。全功能设备（Full Function Device，FFD）占据主导地位，而精简功能设备（Reduced Function Device，RFD）则一般作为簇树的叶子部分接入到网络中。大部分网络中只有一个 Coordinator_node，由 FFD 设备充当该角色，而传感器节点由 FFD 设备或者 RFD 设备担任均可。在 Cluster_tree 拓扑结构中，网络的 Coordinator_node 将自己设置为整个网络的总簇首节点，接收到簇首广播的消息的节点就可以申请加入到该簇首节点所在的簇中，而后由 Coordinator_node 来决策是否让其加入。该结构的核心部分是筛选什么样的节点成为簇首节点，如果簇首节点由于某种原因导致死亡，就会重复总簇首节点筛选过程选出新的簇首节点。

以上介绍的四种拓扑结构形态分别如图 8.1～图 8.4 所示。

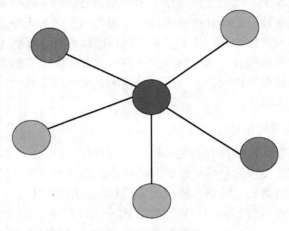

图 8.1　星型拓扑结构

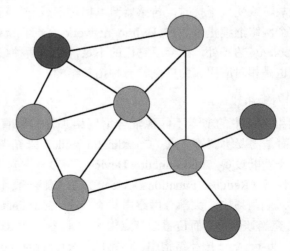

图 8.2　网状拓扑结构

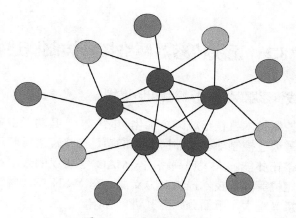

图 8.3　混合型网络拓扑

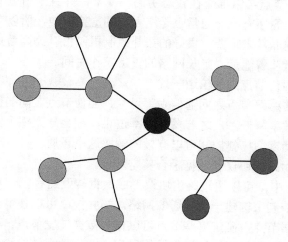

图 8.4　簇树状网络拓扑

图 8.1～图 8.4 中，蓝色节点代表 Coordinator_node，黄色节点是 Router 节点，代表 FFD，支持上述四种结构中的任一种，叶子节点用绿色标识，即代表 RFD，主要在星型网络结构中发挥作用，可以与 FFD 设备进行消息的双向交互，而 RFD 设备之间则不支持接收或者发送消息到对方（本书为黑白版本，彩色图未能显示）。

8.2 无线传感器网络拓扑控制概述

8.2.1 无线传感器网络拓扑控制和协议栈

拓扑控制技术旨在形成一个优化网络结构，其功能主要为数据转发，同时需通过控制功率或邻居节点来满足网络覆盖度和连通度。一个好的网络拓扑能够大大提高路由、MAC 等协议的效率，为数据融合、目标定位等其他技术提供有力支撑。在 WSN 中，网络的拓扑结构与优化意义重大，下面分别对其进行介绍。

（1）降低网络能耗。

WSN 节点常常部署在较恶劣的环境下，并且采用电池供电且无法自身进行循环充电，通常也无法人为的更换电池，所以节能对于网络设计来说非常之重要。良好的拓扑控制机制可以提高节点的能量利用率，尽量节省能量，延长网络的正常工作时间。

（2）弱化节点间的信道干扰。

无线传感器节点之间通信功率过大，会使节点之间的信道干扰增强，通信效率降低，反之若发射功率过小，则会导致整个网络的连通性减弱。功率型拓扑控制可以有效的解决这个矛盾。

（3）为路由协议和数据融合奠定基础。

WSN 中，可以通过路由协议形成数据转发路径，但前提是要先通过拓扑控制来构建一个连通的网络，拓扑控制可以使节点确定自己有哪些邻居节点，确定哪些节点可以作为数据转发节点。其中，成员节点需要实时对目标区域进行数据采集，并将数据转发给骨干节点，骨干节点需要通过数据融合等技术去掉冗余数据，最后将处理后的数据发送给 Sink_node。因此骨干节点的选择和分布十分重要，由良好的拓扑控制算法选择出更加合理的骨干节点，降低整个网络的能量消耗。

（4）提高网络健壮性。

WSN 节点在恶劣的环境中，不可避免地某些节点会由于自身能量耗尽或受到破坏而死亡，会影响整个网络的运行，一个良好的拓扑控制机制可以重新把整个网络构建成一个新的拓扑结构，保证网络的有效运行，因此，拓扑控制可提高网络健壮性。

WSN 拓扑控制并不是独立存在的，其与各层协议之间有着紧密的联系，并且存在着互相交互的作用，然而学者们至今仍没有一个统一的准则来描述 WSN 拓扑控制到底位于协议栈的哪一层。也有把网络拓扑控制归入一个小软件层，这个小软件层在数据链路层和网络层之间产生影响，根据上、下两个方向分别与网络层和数据链路层进行信息的交互。具体位置如图 8.5 所示。

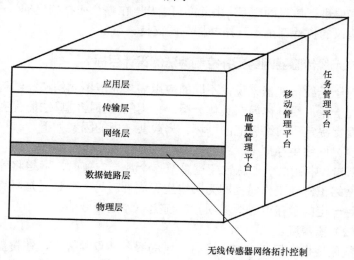

图 8.5 拓扑控制在协议栈中的位置

WSN 拓扑控制在协议栈中并没有占据完整的一层，这里将其定义为"拓扑控制层"。数据链路层（Data_link layer）首先实现将数据组装成帧，然后再对帧进行检测和介质访问等工作。假设现在某一监测区域中，所有传感器节点都已经部署完成，则首先由 Data_link layer 触发传感器节点，让其运行事先设定的算法来寻找相邻节点并建立节点之间的通信路径，完成网络拓扑结构构建的过程。同时，Data_link layer 给在其上面的拓扑控制层发送一则消息，拓扑控制层收到该消息后，形成一个较为优化的网络拓扑结构。该结构形成之后，该层需要向在其上面的网络层发送报告，通知网络层立即启动路由算法进入下一个阶段一路由发现和学习。在整个网络的运行的时候，一旦出现网络情况发生变化的情况，拓扑控制层会马上给其下面的 Data_link layer 和上面的网络层发送变化报告消息，重新开启新一轮的网络拓扑构建过程。若是 Data_link layer 导致的网络拓扑的变化，拓扑控制层会在新的拓扑生成之后，通知网络层以最快的速度建立起新的消息传输路径。同样如果网络层发觉出现路径不通问题，也会立即通知拓扑控制层及时与 Data_link layer 进行信息交互，迅速建立起新的网络拓扑结构。在 WSN 的运行的整个过程中，拓扑控制层不断与 Data_link layer 和网络层进行信息的交互，由此亦可看出，在整个拓扑构建的过程中，各层协议的执行都离不开拓扑控制的支持。

8.2.2 无线传感器网络拓扑控制算法的设计目标

对于无线传感器来说，不同的应用需求对应不同的拓扑结构，不能千篇一律，要具体问题具体分析，采用的拓扑控制算法的优劣在很大程度上决定了网络性能的好坏。一般要考虑的因素如下。

（1）网络生存周期。

WSN 中死亡节点总数超过总节点个数一定值时，网络将停止工作，网络正常的工作时间即为网络生存周期。另一种定义是网络只有在满足一定的覆盖度等服务质量的前提下才是有效的。

（2）覆盖度。

覆盖是指在保证 WSN 具有一定的服务质量前提下，在覆盖面积达到最大的同时仍可提供准确的范围监控、目标跟踪等服务。合理优化网络覆盖，可以有助于无线网络资源的分配，增加无线资源的使用效率，更好地完成环境监测任务。

（3）连通性。

连通就是 WSN 中任意一个节点都能通过其他节点的直接或间接转发最终将信息送达 Sink_node，不连通的网络是无法工作的，所以构建网络的最低要求是连通的。连通性也是在设计拓扑控制算法时的最基本要求。

（4）吞吐能力。

在理想状态下，设监测范围是一个非凹区域，λbit/s 为单网络节点吞吐率，$\lambda \leqslant \dfrac{16WA}{\pi L\Delta^2}\dfrac{1}{nr}$。

式中 W——节点最大传输速率；

   A——目标区域面积；

   L——源节点与目的节点间的平均距离；

   π——圆周率；

   Δ——大于 0 的常数；

   n——节点数；

   r——发射半径。

由上式可知，通过调节节点发射功率来减小发射半径，利用睡眠调度机制缩小网络作业区域范围，可节省能量并提高网络的吞吐能力，吞吐能力是拓扑控制算法设计时要考虑的目标之一。

（5）容错性、鲁棒性。

WSN 所在的周围环境不稳定，时常变化、电量耗尽、恶劣天气等因素都会导致节点死亡，所以在部分节点失效的情况下重建拓扑结构，维持网络的正常工作，使网络具有较强的容故障能力、抗破坏性，是拓扑控制面临的重大问题。

（6）网络延迟。

网络延迟指当观察者要求将数据传送时刻起，到接收者收到数据的时间间隔。当 WSN 负载较高时，各节点对无线资源竞争非常激烈，使用 CSMA 的方式竞争使用信道会增加网络通信延迟，可以通过降低发射功率来减小端到端的延迟；低负载时，信道的使用率较低，通过增加发射功率使源节点到目的节点使用更少的跳数进行通信，也可以使端到端延迟减小。

8.3 无线传感器网络拓扑控制算法

8.3.1 无线传感器网络拓扑控制算法的分类

目前拓扑控制算法整体上可分为以下两类：节点功率控制与层次

型拓扑控制。功率控制思想是动态的调整节点发射功率,当节点功率发生变化时,其无线信号的覆盖范围大小就会发生改变,因而使网络的拓扑结构发生变化,同时可降低节点之间的干扰,最终使整个网络具有更好的连通性。层次型拓扑控制主要采用的是分簇机制,将网络划分成多个簇,根据一定机制选出骨干节点,其作用是构成骨干网进行数据转发。拓扑控制算法分类如图8.6所示。

8.3.2 节点功率拓扑控制算法

1. LMA 和 LMN 算法

LMA 和 LMN 算法是典型的基于节点度的算法,该类算法通过不断地改变节点的发射功率来使得其度数值在一个合适的范围内,根据自身已经采集到的部分信息来调整邻居节点之间的连通性,最终使整个网络具有连通性。LMA 算法步骤为

(1)首先所有节点均以同样发射功率 P_0 广播一条 LifeMsg 消息(包含自己 ID);

(2)接收到 LifeMsg 消息的节点发送一条包含应答 LifeMsg 的 LifeAckMsg 消息;

(3)每个节点计算自己接收的 LifeAckMsg 应答消息的条数,把这个数目记做自己的邻居节点数 N;

(4)若 N 大于邻居节点数目的上限 N_{max},则该节点下次广播 LifeMsg 消息时降低发射功率,如式(8-1)所示,但不小于初始发射功率的 B_{min} 倍,反之,如果 N 小于邻居节点数下限 N_{min},则增大其发射功率,如式(8-2)所示,但最大不超过初始发射功率的 B_{max} 倍。

$$P = \max\left\{B_{min} \times P_0, A_{dec}(1-(N-N_{max})) \times P_0\right\} \tag{8-1}$$

$$P = \min\left\{B_{max} \times P_0, A_{in}(1-(N_{min}-N)) \times P_0\right\} \tag{8-2}$$

式中 A_{dec},A_{in},B_{max},B_{min}——功率调节参数,LMN 和 LMA 相似,根据均值来调节发射功率。

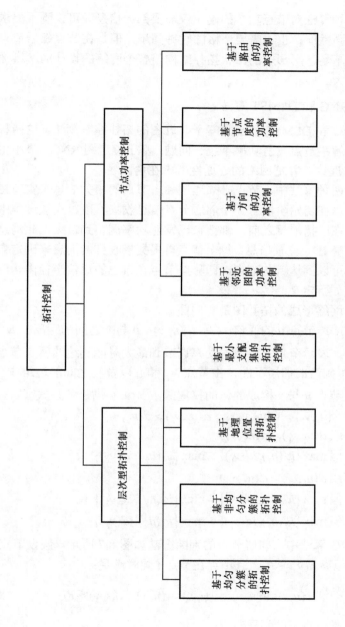

图 8.6 拓扑控制算法分类

这两种算法对节点功率的确定仅需要部分信息即可，既不要求节点具有较强性能，也不需要严格的时钟同步，但是在节点邻居节点判断上存在不足，所形成的网状拓扑结构使整个网络的设计成本增加，复杂度增大。

2. DRNG 和 DLMST 算法

DRNG 和 DLMST 算法是基于邻近图的拓扑控制算法。这两种算法都试图解决节点发射功率不统一问题，基于临近图 RNG、最小生成树 LMST 理论，并把网络的连通性考虑在内。

在这两种算法中，节点必须通过邻居节点的相关信息来实现拓扑控制，所以在初始阶段有一个邻居节点信息收集阶段。在该过程中，各个节点在广播消息之前，都把自己发射功率调整到最大，此消息中包含有自身 ID、位置信息，每个节点再根据接收到的消息来确定自己到底具体可以到达哪些节点，即哪些节点在自己的通信半径内。

现有如下定义：

（1）网络形成的拓扑图是有向图。

（2）R_u：节点 u 的通信半径，$d(u, v)$：u 与 v 之间的距离；N_u^R 是一个集合，表示节点 u 将发射功率调节到最大时能到达的所有节点，G_u^R 表示可到达的邻居子图，由节点 N_P^R 和 u 以及其之间的边组成。

（3）节点 u 与 v 构成的边的权重函数 w(u, v) 满足关系式（2-3）：

$$w(u_1, v_1) > w(u_2, v_2) \Leftrightarrow d(u_1, v_1) > d(u_2, v_2)$$

或 $d(u_1, v_1) = d(u_2, v_2)$

但 $\max\{id(u_1), id(v_1)\} > \max\{id(u_2), id(v_2)\}$

或 $d(u_1, v_1) = d(u_2, v_2)$

但 $\max\{id(u_1), id(v_1)\} = \max\{id(u_2), id(v_2)\}$

但 $\max\{id(u_1), id(v_1)\} > \max\{id(u_2), id(v_2)\}$

DRNG 算法中，邻居节点的判断方法如图 8.7 所示。假设节点 u、v 之间的距离 $d(u,v) < R_u$，且不存在节点 i 同时满足：

$$w(u, i) < w(u, v), \quad w(i, v) < w(u, v), \quad d(i, v) \leqslant R_i \qquad (8\text{-}3)$$

则节点 u 是节点 v 的邻居节点。

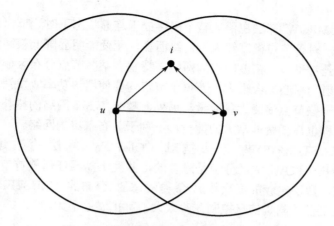

图 8.7 DRNG 算法中邻居节点判断方法

　　为了确保距离最远的节点 v 将处于它的发射半径内，在节点 u 确定其邻居节点之后，以它与节点 v 之间的距离所需的发射功率为标准，这样就能确保其所有的邻居节点均可到达，另外，为了保证网络的双向连通性，用增加和删除操作来获取一个双向图，增加操作，构成对可达的邻近图的双向链路，使网络拓扑得到了明显简化，节点直接的干扰因发射功率的调整而降低。

　　DRNG 和 DLSMT 充分利用了邻近图理论，以距离最远的邻居节点所需的发射功率为标准，有效解决了发射功率不一致的问题，并通过增加删除操作来保证网络拓扑的双向连通，但是这两个算法需要精确的定位信息。

3. COMPOW 算法

COMPOW 算法具体分为三步。

（1）所有节点按不同的功率生成多个路由表，并以一定的发射功率向其他节点发送消息从而形成整个网络的拓扑结构。

（2）在网络的整个拓扑结构上运行路由算法，保证每个节点均能得到一个路由表，该表中包含节点的连通信息。

（3）得到网络连通状态下的最小发射功率，将其作为所有节点的发送功率。从而形成新的拓扑结构。

COMPOW 算法在保证整个网络处于连通状态下时让节点发射功率最小，对于节点密度较大的网络而言，无疑能明显降低整网络的能耗，但是对于节点密度较小的网络，特别当某些节点分布区域较偏远时，发射功率必然会很大，而每个节点均要使用该功率收发消息，必然会使一些节点浪费大量能量，另外，整个 WSN 网络的拓扑结构的形成过程也需耗费非常大的能量，不利于分布密集的网络。

CLUSTERRPOW 算法是对 COMPOW 算法的改进，在 CLUSTERRPOW 中，分簇是隐含的，并且不需要任何簇首节点，功率的层次数决定簇的层次数，分簇是动态的、分布的。CLUSTERRPOW 算法的主要缺陷是信息控制花费太大，可扩展性不大。

4. CBTC 算法

CBTC（Cone-based Distributed Topology Control）算法是一种基于方向的分布式功率拓扑控制算法。该算法以不同方向的信息为基础，假设每个节点与通信天线是一对多的关系，形成一个锥形监控范围并可调整大小。每个节点调整自身发射功率，使其达到最小且可以达到角度为 α 的圆锥体内的所有节点，研究表明，当 $\alpha<5\pi/6$ 时，就可以保持整个网络的连通性。CBTC 算法能够使网络具有较好的连通性，较少的计算开销，通过角度信息代替位置信息，但是需要若干个定向天线获取准确的方向信息，现实意义不是很大。

8.3.3 层次型拓扑控制算法

1. LEACH 算法

LEACH 算法是最早的也是较典型的基于均匀分簇的拓扑控制算法，采用分布式簇首选举方式，簇首节点从网络的节点中随机选举产生，簇首节点广播自身成为簇首的消息，普通节点收到该消息之后加入，形成簇。由于簇首节点要承担管理簇成员节点、收集成员节点发来的数据、进行数据融合和簇间转发等一系列工作，所以为了均衡整个网络节点的能耗，簇首节点和簇结构均进行周期性更新。

LEACH 算法的基本思想是将网络分为大小相对均匀的簇，簇首节点周期性地轮转。

1）簇的建立阶段

在簇的建立阶段，每个节点生成一个随机数 t（$t \in [0, 1]$），并根据式（8-4）计算阈值 $T(n)$，将随机数 t 与 $T(n)$ 进行比较，如果比 $T(n)$ 小，则当选为簇首。

$$T(n) = \begin{cases} \dfrac{p}{1 - p * (r \bmod \dfrac{1}{p})}, & n \in G \\ 0, & n \notin G \end{cases} \qquad (8\text{-}4)$$

式中　p——网络中簇簇首节点所占的比例；

　　　r——当前的轮数；

　　　G——一个集合，由最近 $1/p$ 轮未当选过簇首的节点构成。

每轮都选择比例为 p 的节点成为簇首节点，已经当选过簇首的节点不能再次被选为簇首。在 $1/p$ 轮后，网络中基本所有节点都当选过簇首，且它们的剩余能量相差不大，重新选举簇首节点，簇结构重组。簇首的节点广播成为簇首的消息，其他节点接收到后，选择信号最强的簇首节点加入。

2）数据传输阶段

在稳定的数据传输阶段，只有获得时隙使用权的成员节点与簇首节点通信，其他成员节点将暂时关闭收发器，减少空闲侦听带来的能量消耗，以节约能量。

LEACH 使网络呈簇结构，通过使用数据融合技术能有效的减少信息发送量，并且传感器节点不需要维护具有大量信息的路由表，能有效提高节点能量利用效率，增加网络使用寿命。但 LEACH 协议仍存在不足：簇首节点可能因远距离数据传输而消耗大量能量；簇形成和频繁的簇重组过程中增加了额外的通信开销；簇首节点的选择未考虑到地理位置、剩余能量等因素。

2. UCS 算法

UCS（Unequal Clustering Size）算法是首个为解决均匀分簇的"热区"问题而提出的非均匀分簇算法。UCS 算法假设网络的拓扑结构是两层同心圆环，通过使内圆环中的簇内成员节点数目比外圆环少，来降低簇首进行簇内数据融合损耗的能量，这样内圆环的簇首可以预留部分能量作为中继节点进行数据转发。具体步骤如下。

（1）以基站为圆心，将整个网络分成两层同心圆环，设第一层圆环半径 Ra，当 Ra 确定后，第一层圆环的大小就确定下来，余下的区域为第二层圆环的区域，用 R_2 表示其半径。设二者内的簇的数量固定，分别为 m_1 和 m_2 个。

（2）确定好两层圆后，在其中再进行簇的分配，通过角度来划分；第一层圆环直接等分成 m_1 份，每一份分配一个簇，则其角度为 $2\pi/m_1$；第二层圆环划分时，从一、二层圆环组成的大圆中，再等分出 m_2 份，每份的角度为 $2\pi/m_2$，则第二层各簇等于每份所包含的区域减去第二层每一份所含区域剩下的部分，如图 8.8 所示。

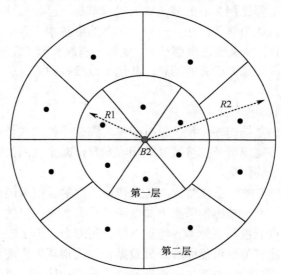

图 8.8　UCS 分簇模型图

（3）簇划分明确之后，取每个簇的中心位置的节点作为簇首。

（4）分别计算近似距离 d_{ch21}，第一层簇首总能耗 E_{ch1}，第二层簇总能耗 E_{ch2}，假设 $E_{ch1}=E_{ch2}$，由此可以计算出平衡一层和二层簇首能耗 R_1 值。

128

UCS 算法通过调整 R_1 的值，使内层簇的成员节点个数减少，内层簇首的能耗随之降低，从而节省能量以进行簇间数据转发。该算法首次解决了"热区"问题，但是其要求基站必须位于传感区域的中心位置，才能使用角度划分簇的思想，而在实际应用中基站不一定位于中心位置。另外，对于中心位置处的簇首节点，算法并没有考虑其剩余能量，容易诱发剩余能量低的节点成为簇首节点而造成过早死亡的后果。

3. EEUC 算法

EEUC（Energy-Efficient Uneven Clustering）是一种分布式的、非均匀分簇算法。首先，以概率 T（由设计者预先设定）在网络中选出一些节点作为候选簇首节点，簇首由候选簇首节点竞争产生，其他节点在簇首选举过程中处于休眠状态。每个候选簇首 S_i 通过计算其到 Sink 节点的距离来获得竞争区域，竞争半径 R_c 的计算式如式（8-5）所示：

$$R_c = \left(1 - c\frac{d_{\max} - d(S_i, Sink)}{d_{\max} - d_{\min}}\right)R_{\max} \tag{8-5}$$

式中　$R_{\max}$——候选簇首最大竞争半径值，$c \in (0,1)$，起到约束竞争半径大小的作用；

$d_{\max}$、$d_{\min}$——与 Sink_node 距离的最大、最小距离；

$d(S_i, BS)$——S_i 与 Sink node 之间的距离，则候选簇首竞争半径 R 值大于或等于 $(1-c)R_{\max}$，同时小于或等于 $R_{\max}$。

竞争半径越大，到 Sink node 的距离就越小；同时，靠近 Sink 节点的候选簇首的 R 值较小，即候选簇首到 Sink node 距离越小，其 R_c 值也越小。其目的是减小离 Sink node 近的成簇规模，以节省簇首能量，为簇间数据通信储备更多能量，进而延长网络寿命。

EEUC 通过将网络分成大小不同的簇，使得距离 Sink 节点越近的簇规模越小，减小了簇内通信开销，为簇首节点保留能量用于大量的簇间数据转发，有利于均衡网络能耗。但 EEUC 还存在以下不足：在对网络进行非均匀分簇过程中只考虑了簇首节点到 Sink_node 的距离，没有考虑簇首节点的剩余能量，将导致能量较少的节点继续担任簇首，消耗大量能量，更快地死亡；没有考虑节点的密度，虽然簇的半径很小，但由于节点分布比较密集从而无法达到均衡网络能耗的目的；另外还没有考虑成簇之后簇首节点在簇内的位置，有可能簇首偏离簇心太远，导致簇内偏远节点与簇首通信能耗过大，造成节点过早死亡。

EEUC 算法的拓扑结构图如图 8.9 所示。

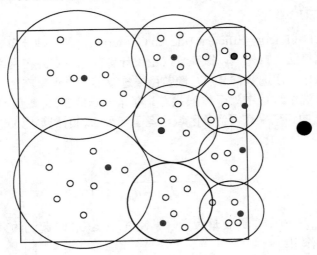

○　簇成员节点

●　簇首节点

●　Sink节点

图 8.9　EEUC 算法拓扑结构图

4. GAF 算法

GAF（Geographic Adaptive Fidelity）是一种基于地理位置的分簇拓扑控制算法，必须已知每个节点的地理位置。算法的主要思想是：首先将网络划分为固定数目的虚拟分区，网络中每个节点将自身地理位置信息与虚拟网格中某个点关联映射起来并计算自身所属的分区；在每个区域内选出一个节点在某一时间段内处于活动状态，其他节点进入睡眠状态，活动节点负责监测所在区域内的信息并报告数据给 Sink_node，如图 8.10 所示。

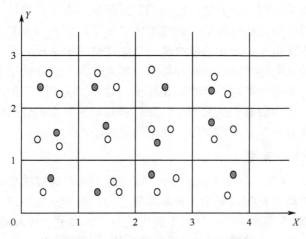

图 8.10　GAF 算法网格划分示意图

上述算法思想中，当网络节点布置就位，初始化所有节点的当前状态为发现状态，根据当前所处地理位置信息，节点再计算出自身所在区域号，然后进行当前单元区间中的节点之间相互通信活动，让其中的每个节点知悉自己所在格子内还有其他哪些节点存在，紧接着，针对每一个节点设置一个定时器值 T1，假设 A 节点在 T1 时间范围内，没有截获其他节点发送出来的消息，那么 A 节点的状态就由发现变为活跃，并将成为簇首的消息在本单元格内进行广播，若其他节点在自身 T1 未到达时收到本单元格内的簇首发来的消息，则其状态就由发现状态自动转换为睡眠状态。

GAF 算法将网络划分为一定数量的虚拟网格，每个网格中有一个簇首节点负责与其他网格或 Sink_node 通信，所以 GAF 算法也属于层次型算法。在每个区域中，簇首节点是唯一处于活动状态的节点，其他节点都处于修眠状态以降低能耗。与 LEACH 相比，GAF 把目标区域划分为规则的单元格，使得形成的簇结构和簇首的分布都更均匀。但该算法仍然存在不足，即在选择簇首时会选中剩余能量小的节点，因为 GAF 仅仅根据事先设定好的定时器到达的时间早晚作为依据来选举，并没有考虑节点的剩余能量，导致的后果是随机性太大，选出的簇首由于能量不足无法承担转发等任务而提早结束其生命周期。还有一个缺点是在划分单元格的时候，GAF 保证所有节点均可一跳与其邻居区域内的节点进行通信，这就导致了如下问题，若相邻节点间的一跳通信距离很小，单元格就会被划分的比较稠密，反之若一跳通信距离很大，又会导致分簇变的很稀疏，以此往复，就淡化了分簇的意义，因为各个单元格内的节点都比较少，这种情况下的不但不利于网络的效率，反而会有相反的效果，还有就是如果节点的分布情况非常不均匀亦或节点数目非常少时，会导致分簇不均匀。

5. TopDisc 算法

TopDisc（Topology Discovery）算法属于典型的层次型拓扑控制算法，使用最小支配集理论。其基本思想为：对于三色算法，节点分为三种类型，分别为白色（代表不确定的节点）、黑色（代表簇首节点）和灰色（代表簇内普通节点），三色算法的运行步骤如下。

（1）将监控节点的颜色初始化为黑色，并发出拓扑请求搜索消息等待其他节点获取。

（2）三种类型的节点均可以收到黑色的监控节点的消息，如果白色节点接收到黑色节点的请求消息，则将其颜色置为灰色。

（3）若白色节点收到了灰色节点的消息，根据接收消息和发送消息双方节点之间的距离长短，设置一个等待时间 T，距离越长，T 越大；反之亦然。如果 T 时间内此黑色节点发送的请求信息被收到，那么将其置为灰色，否则仍为黑色不变，以此动态改变接收节点和发送节点的当前颜色。

（4）当有节点颜色发生变化即变成黑色或灰色时，则丢弃其他消息。

（5）然后，根据接收到消息，所有节点逆向发送应答消息，由此组建网络拓扑结构；灰色节点和黑色节点分别成为簇内普通成员节点和簇首节点，到此，就建立好了网络。

此外，还有一种四色算法，力求减小簇与簇之间的重叠程度，同时增加簇与簇之间的距离，还有基于三色法，又增添一种深灰色的节点类型，它表示该节点收到灰色和白色节点发送的请求，唯独没有收到来自黑色节点的消息。TopDisc 算法仅利用局部信息，具有完全分布式的、可拓展的、有效的构建近似拓扑的优势。但算法运行开销比较大，其网络拓扑结构比较僵死，而且没有考虑节点的剩余能量。

第 9 章 基于非均匀分簇的 LEUC 算法的设计

本章首先对现有 WSN 非均匀分簇算法中存在的问题进行研究，提出一种非均匀分簇的拓扑控制算法 LEUC，阐述其基本思路、模型假设，并详细介绍 LEUC 算法的具体实现。

9.1　非均匀分簇算法设计问题提出

无线传感器网络节点能量非常有限，而且所处的监测区域大多数人类很难到达的地方，那么一个很严峻的问题就是当节点电量耗尽后，无法为其更换电池或再次充电。基于上述的情况，如何使节点的能量利用率达到最大并均衡整个网络的能耗，延长网络有效工作时间，是目前 WSN 研究的关键问题，也是 WSN 拓扑控制设计所要考虑的关键因素。

WSN 拓扑控制可以分为节点功率控制与层次型拓扑控制。功率控制即不断的调节节点的发射功率使得网络连通。通常功率控制应用于那种对数据要求可靠性较高且规模不大的网络，而且节点硬件设计较为复杂，实现起来比较困难。基于分簇的层次型拓扑控制算法将网络中的节点进行分层，形成骨干网络层进行数据的处理和转发，普通节点层进行数据信息收集，而普通节点层的节点又分为休眠和工作状态，需要进行数据搜集时，唤醒休眠节点，不需要工作时，切换到睡眠状态，因为休眠状态消耗能量非常小。分层拓扑控制策略一般适用于规模较大的 WSN。相对于功率控制，层次型拓扑控制能更有效地使用节点电池电量，延长网络生命周期，也更易于管理网络。因此，主要研究基于分簇的 WSN 拓扑控制技术。

LEACH 算法是典型的基于分簇的算法。在该算法中簇首节点通过随机选举产生，同时采用周期性轮换的方式均衡整个网络的节点能耗，总体上网络寿命被延长了，但随机选择的不确定性也可能致使簇首在网络中分布不均，使得簇的划分不合理。LEACH-C 算法在 LEACH 算法的基础上进行改进，簇首节点通过集中控制的方式选举产生，改善了簇首节点分布的不均匀性。但问题仍然存在，这两种算法都是通过单跳方式将信息传送到 Sink_node，由无线发射能耗模型可知，单跳进行远距离传输会消耗节点非常多的能量。后来有学者进一步提出让 LEACH 算法采用簇间多跳通信的方式，相比之下，多跳通信方式能耗明显减小，因为形成的簇规模基本相等，所以各个簇首在簇内通信上的能量花费没有显著差别。但多跳通信的方式会使距离 Sink_node 较近的簇首在完成自己簇内的数据融合工作的同时还要承担较大的数据转发任务，这会导致这些簇首节点能量先耗尽死亡，造成网络分割，导致"热点"问题。

为了解决"热点"问题，研究者又提出了非均匀分簇算法，具有代表性的有 EEUC。EEUC 中成簇半径的大小是以节点距离 Sink_node 的距离大小为参照来设置的，将网络分为多个大小不同的簇，目的是想减轻距离 Sink_node 较近的簇首所承担的数据融合的任务，让其保留充足能量来进行簇间数据信息的转发，实现整个网络中远近距离节点能量消耗的平衡。但 EEUC 只考虑节点与 Sink_node 的距离而没有综合考虑节点的剩余能量以及周围节点的密度，与此同时，簇首间远距离传输可能导致耗能过多的问题也没有考虑。专家学者对 EEUC 算法的改进主要体现在以下几方面，比如从节点的剩余能量因素出发，利用簇间中继节点进行中继转发，以缩小簇间通信距离，从而达到避免远距离通信耗能较大等问题。但是，中继的方式也可能导致中继节点能耗过大，产生"热点"或"单路径"问题。同时，中继节点转发所经过的路径并没有充分考虑到链路的质量和链路代价等因素，从而会增大网络时延，增大丢包率。与此同时，随机抛洒的 WSN 中节点本身也具有很大的不确定性，可能致使节点分布的稀疏程度不同，因此，在非均匀分簇过程中，既要考虑距离和能量，也要考虑将周围节点密度等因素。由于非均匀分簇形成的簇规模大小不一样，范围较广的簇内偏远节点与簇首通信时可能消耗较大能量，所以也要考虑簇首节点在簇内的位置。

9.2　LEUC 算法的基本思想

在分析了现有非均匀分簇算法的特点和不足，设计一种能量高效的非均匀分簇拓扑控制算法 LEUC。LEUC 采用候选簇首选举机制，在选举候选簇首时将节点的剩余能量因素考虑在内，避免能量过低的节点被选举成为簇首；引用非均匀分簇思想，在计算候选簇首竞争半径时加入节点密度参数，使节点密度大的区域成范围小的簇，节点分布稀疏区域成大簇，均衡簇间的能量消耗；簇内采用 Single_hop 方式通信，确定最终簇首时考虑簇首是否接近簇的中心，避免簇内偏远节点与簇首通信消耗的能量过大，以均衡簇内节点的能耗；最后在每个簇内选出簇首助理，其作用是代替簇首和 Sink_node 进行通信，目的是降低簇首能耗，通信采用多跳方式，计算下一跳的通信代价，考虑中继簇首助理的剩余能量，选择通信代价小，剩余能量大的中继来转发数据。

9.3　系统模型与相关定义

9.3.1　网络模型

网络中 N 个传感器节点随机部署在 $M \times M$ 的方型区域 S 内，节点密度分布不确定，节点周期性的进行数据采集并发给 Sink_node，网络模型如图 9.1 所示。现假设该网络具有如下性质。

（1）部署完毕之后，所有节点均不能移动，sink_node 位置固定；

（2）所有节点都是同构的，即节点完全相同，地位平等，均不带GPS；

（3）每个节点都可进行数据融合等操作，并且具有唯一标志位（ID）；

（4）每个节点可自行调节自身发射功率；

（5）链路具有对称性，如果对方发射功率已知，节点可根据接收到的信号强度（RSSI）计算与自身与发送节点之间的距离。

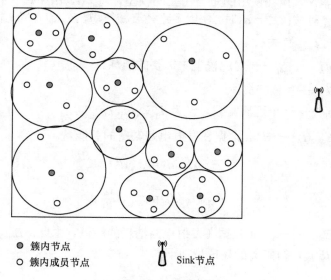

● 簇内节点
○ 簇内成员节点
Sink节点

图 9.1　网络模型

9.3.2　能量模型

WSN 节点的各个模块中，能耗较大的是通信模块、处理模块和传感器模块。所采用的无线通信能耗模型将考虑的重点放在通信模块的能耗和数据融合的能量消耗上。通信模块能耗主要包括发射电路能耗、接收电路能耗和功率放大器的能耗三方面。其中，无线通信模块在发送 l bit 数据到传输距离为 d 的位置的过程中，能量大多消耗在发射电路和功率放大器上。在保证信噪比合适的条件下，节点发送数据的能耗为

$$E_{\text{Tx}}(l,\ d) = E_{\text{elec}}(l) + E_{\text{amp}}(l,\ d) \tag{9-1}$$

式中　$E_{\text{Tx}}(l,\ d)$——将 l bit 数据发射到传输距离为 d 的位置所消耗的能量；

　　　$E_{\text{amp}}(l,\ d)$——将 l bit 数据发射到传输距离为 d 的目的地时，功率放大器所消耗的能量；

　　　$E_{\text{amp}}(l,\ d)$ 的计算和传输信道模型有关，当传输距离小于阈值 d_0 时，功率放大损耗使用的是自由空间模型，$E_{\text{amp}}(l,\ d)$ 如式（9-2）所示，与 ε_{fs} 有关；大于 d_0 时，使用多路径衰减模型，$E_{\text{amp}}(l,\ d)$ 如式（9-3）所示，与 ε_{amp} 有关；

　　　ε_{fs}，ε_{amp}——对应模型中需要的能耗。

　　　d——传输距离；

　　　d_0——一个距离常数，设为 $d_0 = \sqrt{\varepsilon_{fs}/\varepsilon_{\text{amp}}}$。

　　　$E_{\text{elec}}(l)$——l bit 数据在发射电路耗费的总能量。

$$E_{\text{amp}}(l,\ d) = l\varepsilon_{fs}d^2 \tag{9-2}$$

$$E_{\text{amp}}(l,\ d) = l\varepsilon_{\text{amp}}d^4 \tag{9-3}$$

　　　E_{elec}——每 bit 数据在发射电路消耗的能量，由此，$E_{\text{elec}}(l)$ 可以表示为 lE_{elec}，得到的能耗模型如下

$$E_{\text{Tx}}(l,d) = \begin{cases} lE_{\text{elec}} + l\varepsilon_{fs}d^2, & d < d_0 \\ lE_{\text{elec}} + l\varepsilon_{mp}d^4, & d \geqslant d_0 \end{cases} \tag{9-4}$$

　　节点在接收 l 比特数据过程中的能量消耗主要在接收电路上，如下

$$E_{\text{Rx}}(l) = lE_{\text{elec}} \tag{9-5}$$

式中　E_{elec}——每 bit 数据在接收电路消耗的能量。

　　在该网络模型中，每个节点都可进行数据融合操作，数据融合所消耗的能量用 $E_{\text{aggr}}(k,\ l)$ 表示。则将 k 个长度为 l 的数据包融合为一个数据包所耗费的能量如下。

$$E_{aggr}(k, l) = klE_{DA} \qquad\qquad (9\text{-}6)$$

式中　E_{DA}——节点融合 1bit 数据需消耗的能量

9.3.3　节点密度定义

定义节点 i 的密度为

$$\text{Density}(i) = \frac{\text{Neighbor}(i)\_\text{alive}}{N\_\text{alive}}$$

式中　N——WSN 中节点数目;

　　　S——一个集合,包含了网络中所有传感器节点;

　　　Neighbor(i)——节点 i 的邻居节点集合;

　　　R——节点 i 的通信半径;

　　　Neighbor(i) = $\left\{ S_j \middle| d_{ij} \leqslant R, S_j \in S \right.$;

　　　Neighbor(i)_alive——节点 i 邻居集合中现存节点的数目;

　　　N_alive——整个网络中活着节点个数。

9.4　LEUC 算法的非均匀分簇拓扑结构的建立

　　首先初始化阶段,Sink_node 向全网广播信号,各节点根据接收到的信号强度估算自身与 Sink_node 的距离,所有节点调整发射功率,在通信半径内发送消息,节点根据其他节点发来的消息,将邻居节点信息添加到自己维护的邻居表中。由于所有节点均不带 GPS,所以首先通过基于测距的定位算法 RSSI 计算节点之间的距离,然后采用 Map-growing 算法获得节点自身的相对坐标 (x_i, y_i)。具体过程如下。

　　首先在节点比较密集的区域随机选取一个点 O 作为相对坐标系的原点,如图 9.2 所示,在其邻居中选择两个点构成一个三角形,且该三角形的内角都大于 30°,以其中的一个点 A 作为 x 轴,另外一个点 B 作为 y 轴建立直角坐标系,则 B 点的坐标通过式(9-8)可以求得:

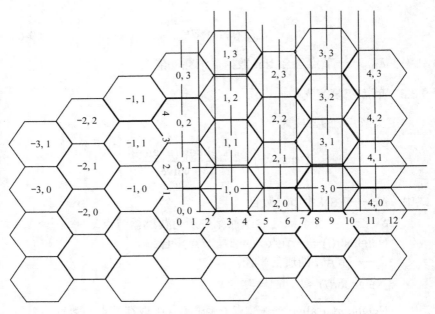

图 9.2　Map-growing 算法示意图

$$\theta = \arccos \frac{d_{OB} + d_{OA} - d_{AB}}{2d_{OA}d_{OB}} \tag{9-7}$$

$$(x_B, y_B) = (d_{OB} \times \cos\theta, d_{OB} \times \sin\theta) \tag{9-8}$$

同时未知节点 C 可通过其邻居节点 O、A、B 的坐标和三边定位法计算得到自己在该坐标系内的坐标，并广播自身坐标信息，未知节点 D 收到消息后，通过 O、A、C 三个点实现自身定位并广播消息，重复该过程，直到网络中所有节点都能得到自身的相对坐标。

9.4.1　候选簇首的选举

为了使簇首竞选的开销降低，LEUC 中引入候选簇首（Candidate Cluster Head）机制，使得剩余能量较大的节点成为候选簇首的概率增大，节点将生成的随机数 $\mu(0<\mu<1)$ 与自己的 $T(n)$ 比较，若小于 $T(n)$，则成为候选簇首，反之成为普通节点进行休眠。定义阈值 $T(n)$ 为

$$T(n) = \begin{cases} \dfrac{p}{1 - p(r \times \text{mod}(1-p))} \times \dfrac{E_i(r)}{E_{\text{avg}}}, n \in G \\ 0, \qquad\qquad\qquad\qquad\qquad n \notin G \end{cases} \qquad (9\text{-}9)$$

式中　p——节点成为簇首的概率；

r——当前循环的轮数；

G——一个集合，包含了最近 $1/p$ 轮中未成为簇首的所有节点；

$r\,\text{mod}(1/p)$——一轮循环结束后，在该轮当选过簇首的节点个数；

$E_i(r)$——第 r 轮时节点 i 的剩余能量；

$E_{\text{avg}}(r)$——第 r 轮网络中所有存活节点剩余能量的均值。

由公式（9-9）可知，节点剩余能量越大，节点成为候选簇首的概率越大，反之，剩余能量较小的节点不会被选举成为候选簇首，避免节点提早死亡。

9.4.2　非均匀竞争半径的计算

现有的非均匀分簇算法在计算候选簇首的竞争半径时，让基站（BS）附近的候选簇首竞争半径较小，从而能够选出多个簇首节点，距离 BS 较远的候选簇首的竞争半径较大。以这种方式进行簇的划分，仅仅考虑到簇首因承担大量的数据转发任务而引起的簇间能耗不均的问题，并没有考虑节点分布不均匀的问题。若在节点分布较密集区域成范围较大的簇，会因为簇内节点过多，簇首节点进行数据收集、融合时消耗能量过大，相反，在节点分布较为稀疏区域成小簇，则簇内节点数量相对较少，簇首消耗的能量更小。在计算非均匀竞争半径 R_c 时不考虑节点距离 sink 节点的远近，而是将节点密度和剩余能量作为参数来计算，使得节点分布比较密集的区域簇首数目相对较多，簇的半径较小，而节点分布较稀疏的区域成半径较大的簇，并且考虑自身剩余能量因素，让其剩余能量和竞争半径成正比，竞争半径随着剩余能量的增加而增大。R_c 计算公式为

$$R_c = \left(1 - c\frac{\text{Neighbor}(i)\_\text{alive}}{N\_\text{alive}} - (1-c)\left(1 - \frac{E_i}{E_0}\right)\right)R_{\max} \qquad (9\text{-}10)$$

式中　　c——调节因子，取值范围 0～1；

　　　　Neighbor(i)_alive 和 N_alive 前面已经介绍；

　　　　E_i——节点 i 当前的剩余能量；

　　　　E_0——节点初始能量；

　　　　$R_{\max}$——节点的最大通信半径。

从式（9-10）中可知：当两个节点的剩余能量相近时，节点所在区域节点密度越大，邻居节点数越多，竞争半径越小，簇首数目越多，反之，稀疏区域成簇半径较大，簇首数目较少；当节点密度相近时，E_i 越接近 E_0，候选簇首的竞争半径越大。

9.4.3　临时簇首的竞选

候选簇首计算自己的竞争半径 R_c，并广播消息，消息中需包括自身的 ID，邻居节点个数 Neighbor(i) 以及自身的剩余能量 E_i，收到该信息的其他候选簇首节点建立一个集合，来存放邻居簇首，在候选簇首集上选择能量最多的候选簇首成为临时簇首，采用竞争退避原则，一旦有候选簇首被选举成为临时簇首，则其竞争半径内的其他候选簇首放弃竞争成为普通节点。候选簇首之间竞争的规则如图 9.3 所示。

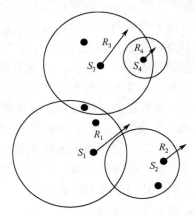

图 9.3　簇首竞争示意图

其中 S_1、S_2、S_3、S_4 为候选簇首，R_1、R_2、R_3、R_4 是它们各自的竞争半径，用节点周围的圆形区域表示。由竞争退避原则可知，S_1 和 S_2 可以同时被选举成为临时簇首，而 S_3 和 S_4 则不行，因为 S_4 位于 S_3 的竞争半径内。如前面所述，LEUC 算法的目标是让剩余能量较小的、周围节点较密集的簇规模较小，这样使得簇首节点在进行簇内的数据融合时能够少消耗些能量，进而有足够的能量进行簇间的数据转发。因此，候选簇首剩余能量越小、周围节点密度越大竞争半径应该越小。

候选簇首 S_i 都各自维护一个候选节点集合 S，该集合由所有与 S_i 共同竞选临时簇首的节点组成。在 LEUC 算法中，为了候选簇首节点能收到其邻居节点的消息，每个候选簇首节点在 R_{max} 范围内广播消息，消息字段包括节点 ID、竞争半径 R_c、自身剩余能量 R_E。当候选簇首节点收到其他节点广播的竞选信息后，将邻居候选节点加入到 S 中。当某个候选簇首节点的剩余能量大于其 S 中其他所有节点的剩余能量时，则广播消息宣布自己成为临时簇首。如果候选簇首节点收到其 S 中其他节点广播的成为临时簇首的消息，则广播一则消息宣布退出竞选。当某个候选簇首节点收到其 S 表中的其他节点发送的退出竞选消息后，将该节点从自己的集合中删除。

9.4.4 簇的形成

簇首竞争完毕之后，临时簇首在半径 R_{max} 范围内广播其成为临时簇首的消息 Temp_Head_Msg，邀请其他普通节点加入本簇，普通节点从睡眠状态醒来进入监听状态，并保持监听状态，若在一段时间内接收到多个 Temp_Head_Msg 消息，则根据接收到的消息的强度大小来决定加入哪个簇，接收到的信号强度越强，说明该簇首离自己越近，向最近的簇首发送加入簇的请求消息 Join_Msg，消息中包括自己的 ID，剩余能量 E_i，自身的坐标(x_i, y_i)，若簇首同意其加入则发送 Join_Agree_Msg。

簇首节点收到普通节点申请加入的消息之后，会给每个成员节点分配一个基于 TDMA 方式的时隙表，每个普通节点在自己对应的时隙内把收集的数据发送给簇首，在其他时刻则可以进行休眠。

9.4.5 正式簇首的选举

正式簇首即接近簇质心的簇首，由于前面提到节点分布较稀疏区域成范围较大的簇，如果在一个簇内，簇首偏离簇心很远，则簇内离簇首较远的节点与簇首通信需消耗大量能量，所以当一个簇的簇首偏离簇心距离大于一个阈值 R_0 时，需要选出接近簇质心的簇首，在簇形成阶段簇成员已将信息发给簇首，簇首则可计算簇内节点的平均能量，即

$$E_{\text{avg}} = \left(\sum_{i=1}^{m} E_i \right) \Big/ m$$

式中　m——簇内成员数目；

　　　E_i——每个簇内成员的当前能量。

簇首将簇成员 E_i 大于所有节点平均能量的节点放到候选集合中。簇首节点根据簇内成员的坐标可估算出簇的质心位置为 $O(X_o, Y_o)$，利用质心算法，可得：

$$O(X_o, Y_o) = \left(\frac{1}{m} \sum_{i=1}^{m} x_i, \frac{1}{m} \sum_{j=1}^{m} y_j \right) \tag{9-11}$$

簇首对候选集合中的每个节点分别计算到 $O(X_o, Y_o)$ 的距离 d，选出 d 最小的节点 p，簇首再判断自己到 O 的距离，若比 d 小，则继续当簇首，若比 d 大，则选择节点 p 作为正式的簇首，簇内成员节点加入新的簇首。

9.4.6　算法非均匀分簇拓扑流程

下面给出 LEUC 算法部分伪代码：

```
/*簇首竞选*/
1  Initial
2  μ ← RAND(0,1)
3  Calculate T(n)   //计算阈值 T(n)
4  If μ<T(n) then
5  beCandidateHead ← true   //成为候选簇首
```

```
6   End if
7   If  beCandidateHead = true  then
8   Broadcast  COMPETE_CH_MSG(ID,Rc,E)   //竞选临时簇首
9   Else
10  Sleep //非候选簇首休眠
11  End if
12  On  receiving  a  COMPETE_CH_MSG  from  $S_j$
13  If  $d(S_i,S_j)<S_i.R_c$  or   $d(S_i,S_j)<S_j.R_c$
14  Add  $S_j$  to  $S_i.CH\_Nerghbor$
15  End if
16  While  beCandidateHead = true
17  If  $\forall S_j \in S_i.CH\_Nerghbor$  $S_i.E > S_j.E$  then
18  Boradcast  FORAM _HEAD_MSG(ID)   //成为临时簇首
19  End if
/*簇的形成*/
20  On  receiving  a  FORAM _HEAD_MSG  from  $S_i$
21  If  $S_j \in S_i.CH\_Nerghbor$  then
22  Broadcast QUITE_COMPETE_MSG(ID) //放弃竞选簇首
23  End if
24    NormalNode  send  JOIN_CLUSTER_MSG  to  nearest
clusterhead //普通节点加入簇
/*判断簇首是否偏离簇心太远*/
25  If clusterhead(d)>R0 then   //簇首节点偏离簇心距离大于
阈值R0
26  Calculate Eavg  //计算簇内节点剩余能量的均值
27  End if
28  If  $\forall S_i \in cluster$   $S_k.E > E_{avg}$ and $S_k(d) < S_i(d)$
29  BroadCast  FINAL_HEAD_MSG(ID) //在簇内重新选一个接近
簇心的正式簇首
30  End if
```

图 9.4 为 LEUC 算法拓扑结构建立流程图。

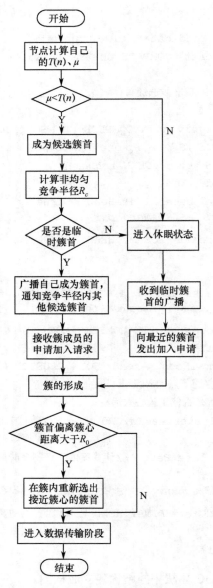

图 9.4　LEUC 算法拓扑结构建立流程图

第 10 章　LEUC 算法的簇间通信机制

本章首先对现有 WSN 分簇算法簇间通信设计中存在的问题进行研究，然后提出簇首助理的概念，阐述选举簇首助理的原则，并详细介绍 LEUC 算法中采用的簇间多跳通信方式的具体实现，选择中继节点时考虑的因素以及多跳通信拓扑结构树的生成。

10.1　LEUC 算法簇间通信机制设计问题提出

现有的分簇算法的簇间通信机制大致可分为单跳和多跳两种通信方式，但都存在一定的问题。

LEACH 算法采用单跳通信方式，即各个簇首均直接和 BS 通信，扩展性不强，无法满足大型网络的要求，因为在大型网络中，对离 BS 较远的簇首节点来说，由于 WSN 的能量消耗集中在电路能量消耗与功放能量消耗两方面，并且后者占主要地位，依据空间信道模型，其主要取决于传输距离，所以随着传输距离的增加，消耗的能量会越来越大，则离 BS 较远的簇首的能量消耗将远超过接近 BS 的簇首节点，从而出现网络能耗不均的现象，降低了网络的性能。

RMBC（Ring Based Multi_hop Clustering Routing Algorithm）分簇算法将网络划分成多个间隔相同的同心圆环，采用分环多跳的方式，相对于 LEACH 算法来说，稍复杂一些，但更适用于大型网络，均衡网络能耗。算法将各环由内而外编号，间隔为 δ，簇首节点以 $r=2\delta$ 的半径向外广播 CH_ADV_MSG 消息，消息中包含自己所在的环。第 $k+1$ 环的簇首节点根据收到的消息找到离自己最近的第 k 环中的簇首节点，并向其发送数据转发请求，建立下一跳路由。没有收到任何消息的簇首节点广播 CH_REQ_MSG 消息，收到该消息的簇首向其发送 CH_ACK_MSG 消息，直到每个簇首都建立了到基站的路由路径。该算法的缺点是选择下一跳时没有考虑到路由节点的剩余能量，并且将下一跳限定在相邻环中，若该环中没有合适的节点则外环簇首没有办法继续向基站发送数据。

EEUC 算法中采用的是多跳通信方式，引入距离阈值 D_MAX，当簇首节点与 BS 的距离小于该阈值时，直接与 BS 通信，大于该阈值时，以多跳转发的方式将数据发送到 BS。以多跳方式通信时，选择下一跳时将候选路由节点的选取范围限定在比自身更接近基站的区域内的簇首，并没有考虑到自身节点与候选节点之间的距离。而且选择的中继节点均为簇首节点，由于簇首节点要进行簇内数据融合等工作需要消耗部分能量，所以再作为中继节点进行数据的转发不利于节点能耗的均衡。

LEUC 算法的簇间通信机制沿用 EEUC 的多跳通信方式，簇首与基站的距离大于一定阈值时选择中继节点进行转发，但不同的是在每个簇内选出一个簇首助理节点，让簇首助理作为中继节点转发数据，以分担簇首的能量消耗。最后建立最小通信代价树，数据沿着该树发送到基站。

10.2　簇首助理的选举

在每个簇内选举一个簇首助理节点，簇首进行簇内融合之后，将融合之后的数据发给簇首助理节点，簇首助理再将数据信息发送给 BS。则簇首在整个过程中进行数据的收发时能量消耗主要由三部分组成：

（1）从簇内成员那接收数据耗费的能量；

（2）进行数据融合消耗的能量；

（3）将融合处理之后的数据发送给簇首助理消耗的能量。簇首总

的能量消耗为

$$E_{CH} = l \times n \times E_{elec} + l \times n \times E_{DA} + l \times \varepsilon_{fs} \times d_{toAS}^2 \qquad (10\text{-}1)$$

式中 l——发送的数据的比特数;

n——簇内成员节点个数;

E_{elec}——接收每比特数据电路的能耗;

E_{DA}——融合单位比特数据消耗的能量,由于簇首助理是在簇内选择的,所有信道模型符合自由空间模型,ε_{fs}——放大功率所消耗的能量;

d_{toAS}——簇首节点到簇首助理的距离。

由式（10-2）可知,簇首离簇首助理的距离越近消耗能量越少。簇首助理消耗的能量为

$$E_{AS} = l \times n \times E_{elec} + l \times \varepsilon_{mp} \times d_{toBS}^4 \qquad (10\text{-}2)$$

由于基站一般距离整个网络较远,所以信道可当作多路衰减模型,l、n、E_{elec} 均同上所述,ε_{mp} 表示放大功率所消耗的能量,d_{toBS} 表示簇首助理距离 BS 的距离。可得簇首和簇首助理总能量的消耗为

$$E = E_{CH} + E_{AS}$$

可知影响 E 大小的因素为 d_{toAS} 和 d_{toBS}。另外,由于簇首助理需要转发数据到基站,同时也可能作为中继节点,所以能量问题不容忽视,要选择剩余能量较大的节点。综上所述,选择簇首助理的权值公式为

$$\phi = (d_{toCH}^2 + d_{toBS}^4)\frac{E_0}{E_i} \qquad (10\text{-}3)$$

式中 E_i——节点当前的剩余能量;

E_0——节点初始时的能量;

d_{toCH}——簇首节点与簇首助理的距离,选择簇首助理时先计算簇内成员节点的权值,具有最小权值的节点成为簇首助理节点。

10.3 最小通信代价树的拓扑结构生成

首先设定一个距离阈值 d_0，若簇首助理到 BS 的距离小于该阈值则直接与 BS 通信，否则以多跳的方式将数据发送到 BS。算法初始时刻，所有候选簇首向全网广播一条消息，发射的功率相等，该消息包括自身 ID、剩余能量 Ei 以及到 BS 的距离 d_{toBS}，簇首助理收到其他簇首助理发的消息后，计算他们之间的近似距离并保存。当簇首助理 s_i 与基站的距离 $d(s_i, BS) \geqslant d_0$ 时，该助理簇首的下一跳选择策略如下。

本算法将候选中继节点的选取范围限制在比自身更接近 BS 的区域范围内，簇首助理 s_i 的路由候选节点集合为 $s_i.R_{CH}$ 为：$s_i.R_{CH} = \{s_j | d(s_j, BS) < d(s_i, BS)\}$，$s_i$ 从其路由候选节点集合中选择剩余能量较大的节点作为中继节点，尽量预防节点由于能量损耗太大而提早死亡现象，而单方面的考虑能量问题又会使整个网络的能量利用率降低，所以也考虑到链路代价的因素。假设簇首助理 s_i 选择节点 s_j 作为下一跳中继转发节点，转发 l 比特数据至基站，消耗的能量为

$$E = E_{Tx}(l, d(s_i, s_i)) + E_{Rx}(l) + E_{Tx}(l, d(s_j, BS))$$
$$= l(E_{elec} + \varepsilon_{fs} d^2(s_i, s_i)) + lE_{elec} + l(E_{elec} + \varepsilon_{fs} d^2(s_j, BS))$$
$$= 3lE_{elec} + l\varepsilon_{fs}(d^2(s_i, s_i) + d^2(s_j, BS))$$

可知能耗的主要影响因素为 $d(s_i, s_j)$ 和 $d(s_j, BS)$，所以可将链路代价可定义为

$$E_t = \left(d^2(s_i, s_j) + d^2(s_j, BS) \right) \times \frac{E_0}{E_j} \tag{10-4}$$

式中　　$d(s_i, s_j)$ ——节点 i 到节点 j 的距离；

$\quad\quad\quad d(s_j, BS)$ ——节点 j 到 BS 的距离；

$\quad\quad\quad E_j$ ——待选中继节点的剩余能量；

$\quad\quad\quad E_0$ ——节点的初始能量。

根据式（10-4）可知，簇首助理可以选择比自身离基站更近且能量最大的簇首助理作为中继节点，转发数据到基站，这样既节省能量又均衡了节点负载。

多跳通信方式确定后，簇首助理节点组成了一棵以 *BS* 为根节点的树，数据沿着该树发送给 *BS*。拓扑结构如图 10.1 所示。

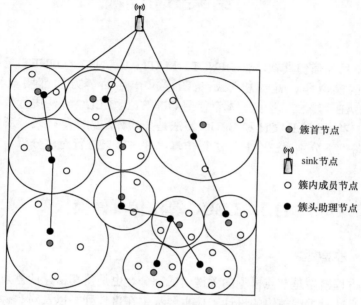

图 10.1 多跳通信拓扑结构树

151

第 11 章 LEUC 算法的性能与仿真结果分析

常用通信仿真软件有 OPNET、MATLAB、NS2。OPNET 无论是在通信模型库、建模机制还是图形操作界面等方面都明显优于 MATLAB 和 NS2，因此，本章使用 OPNET 对 LEUC 算法进行建模和仿真，考虑到 LEACH 和 EEUC 算法是分簇算法的典型代表，所以在相同条件下分别对三个算法进行仿真，并对结果进行对比分析。

11.1 LEUC 算法仿真建模

11.1.1 进程模型

进程模型是节点模型的关键组成部分，也是仿真搭建的重点也是难点，针对进程模块的设计工作主要集中在事件列举以及对事件响应表的设计开发中，设计好之后就进入实现阶段。

1. 路由层进程模型

由 LEUC 拓扑控制算法的原理以及实施步骤，把路由层进程模块划分为 Init、rand、candid_head 等状态，并设计状态转移条件，如图 11.1 所示为路由层进程模块组织结构示意图，然后对路由层进程模型的设计过程中的主要状态和函数进行简要介绍。

（1）Init 状态。

代表整个网络部署的初始化过程，在 Init 状态中，每个节点均能获取自身的 ID 以及 sink_node 的位置信息。各个传感器节点都时刻准备接收 Sink_node 广播的 "hello" 包，当底层发来的包流中断到达后，

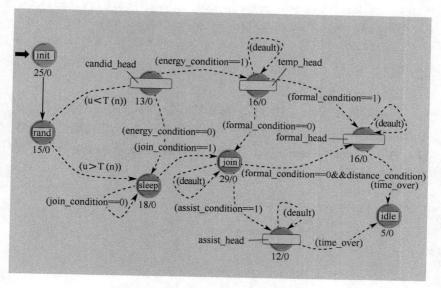

图 11.1　路由层进程模块组织结构示意图

每个节点将接收到的"hello"包的内容读取出来，得到 Sink_node 的坐标，根据自身坐标与 Sink_node 的坐标就可以算出自己到 Sink_node 的距离。主要程序块如下：

```
my_objid = op_id_self();
my_node_objid = op_topo_parent (my_objid);
op_ima_obj_attr_get (my_node_objid, "node_id",
&my_node_id);
op_ima_node_pos_get          (my_node_objid,&latitude,
&longitude, &altitude, &x_self, &y_self, &z_self);
/*    接收 Sink_node 发来的"hello"包*/
intrpt_strm = op_intrpt_strm();
pkptr = op_pk_get (intrpt_strm);
src_mod_objid = op_pk_stamp_mod_get (pkptr);
src_node_objid = op_topo_parent (src_mod_objid);
/*    获得 Sink_node 坐标并计算自身到其距离*/
```

```
op_ima_node_pos_get      (src_node_objid,      &latitude,
&longitude, &altitude, &x_src, &y_src, &z_src);
    distance = sqrt((x_self - x_src)*(x_self - x_src) +
(y_self - y_src)*(y_self - y_src));
```

（2）Rand 状态。

生成随机数 μ（$\mu \in (0, 1)$），若该随机数 μ 小于阈值 $T(n)$（$T(n)$是事先设定的网络中节点成为候选节点的概率），则该节点成为候选簇首，进入 Candid_Head 状态，否则，转移到 sleep 状态进行休眠。主要程序块如下：

```
rand = op_dist_uniform (0,1);
if (rand <= T(n))
    {
    IS_CLUSTER = TRUE;
    IS_MEMBER = FALSE;
    }
  else
    {
    IS_CLUSTER = FALSE;
    IS_MEMBER = TRUE;
    }
```

（3）Candid_Head 状态。

每个候选簇首节点计算自己的中的竞争半径 Rc，并在 Rc 范围内广播 Compet_Msg 消息（消息中包括自身 ID，邻居节点个数，自身剩余能量），然后转移到 temp_head 状态。

```
pkptr = op_pk_create_fmt("Compet_Msg");
op_pk_nfd_set(pkptr, "source_id", &my_node_id);
op_pk_total_size_set (pkptr,100);
if (IS_ALIVE)
  {
  op_pk_send(pkptr, OUTSTRM);
```

154

```
      }
   else
   {
   op_pk_destroy (pkptr);
   }
```

（4）Temp_Head 状态。

节点接收到其他节点发送的 Compet_Msg 消息后，将该节点加入自身的邻居簇首集合 S 表中。如果节点接收到 S 表中的某个节点发来的成为临时簇首的消息，则广播 Quit_Msg 消息，放弃竞选转移到 Sleep 状态。如果节点接收到 S 表中的某个节点发来的 Quit_Msg 消息，则将该节点从自身的 S 表中移除。设置自中断，以接收其他节点发来的消息或检测自身是否被选举为临时簇首。

```
   if (strcmp (pk_format, "Compet_Msg"))
   {
   /* 接收到底层发来的包 */
   op_pk_nfd_get (pkptr, "ID", &ID);
   op_ima_node_pos_get    (ID,&latitude,   &longitude,
&altitude, &x_src, &y_ src, &z_ src);
      distance = sqrt((x_self - x_src)*(x_self - x_src) +
(y_self - y_src)*(y_self - y_src));
   if(distance < Rc)
   {
   temp_ptr    =    prg_mem_alloc    (sizeof    (struct
Compet_Msg));
   temp_ptr->ID = &my_node_id;
   prg_list_insert (S, temp_ptr, PRGC_LISTPOS_TAIL);
   }
   }
   else if(strcmp (pk_format, "CH_Adv_Msg"))
   {
   pkptr = op_pk_create_fmt("Quit_Msg");
   op_pk_nfd_set(pkptr, "source_id", &my_node_id);
```

```
op_pk_total_size_set (pkptr,200);
if (IS_ALIVE)
 {
    op_pk_send(pkptr, OUTSTRM);
 }
}
else if(strcmp (pk_format, "Quit_Msg"))
{
    src_mod_objid = op_pk_stamp_mod_get (pkptr);
    Index = prg_list_size (S)
For(int i = 0; i < index; i++)
{
    If(Sct(i)->ID==src_mod_objid)
{
 prg_list_remove (S, index);
}
```

（5）Formal_Head 状态。

临时簇首节点竞争成为正式簇首节点，在 *Rc* 范围内广播 Formal_Head_Msg 消息。

```
pkptr = op_pk_create_fmt("Formal_Head_Msg");
op_pk_nfd_set(pkptr, "source_id", &my_node_id);
op_pk_total_size_set (pkptr,200);
op_pk_send(pkptr, OUTSTRM);
```

（6）Join_REQ_Send 函数。

向发送簇首消息的节点发送 Join_Msg 消息，加入该簇；若接收到多个节点发来的 Temp_Head_Msg 消息，则选择信号强度最大的节点发送 Join_Msg 消息，加入该簇。

（7）Join_REQ_Wait 函数。

接收到其他节点发来的 Join_Msg 消息后，将该节点加入自身的 Member 表中。设置时间中断，当时间到达时，进入 idle 状态。

```
Member= prg_list_create ();
```

```
temp_ptr = prg_mem_alloc (sizeof (struct Compet_Msg));
temp_ptr->ID = &my_node_id;
prg_list_insert (Member, temp_ptr, PRGC_LISTPOS_TAIL);
```

（8）Schedule_Rcv 函数。

簇成员节点等待簇首节点发来的时隙消息。接收到后，查看自己所在的时隙，并进入 sleep 状态。

```
op_pk_nfd_get (pkptr, "member_i", &member_i);
op_pk_nfd_get (pkptr, "member_n", &member_n);
```

（9）Cluster_send 函数。

传感器节点根据自己所在的时隙，定时向簇首发送采集到的数据信息。

（10）Cluster_Rcv 函数。

接收簇成员节点发来的数据，并在接收完成后，在其竞争半径范围内广播一条 CH_Msg 消息，消息中包括该簇首节点的 ID、剩余能量和其坐标。接收到其他簇首助理节点发来的消息后，如果该助理节点距离 Sink_node 更近，则计算与该节点之间距离，然后计算与该节点之间链路的代价 E_t，将 E_t、该节点 ID、位置信息以及剩余能量信息记录在邻居簇首助理集合中。

（11）Assit_Head 状态。

通过簇间通信机制选择下一跳，并发送数据给中继簇首助理节点。

```
pkptr = op_pk_create_fmt ("wsn_data_sink");
op_pk_nfd_set (pkptr, "dest_id", sink_id);
op_pk_nfd_set (pkptr, "source_id", my_node_id);
op_pk_total_size_set (pkptr,4000);
op_pk_send(pkptr, OUTSTRM);
```

2. 能量进程模型

图 11.2 为能量进程模型示意图。

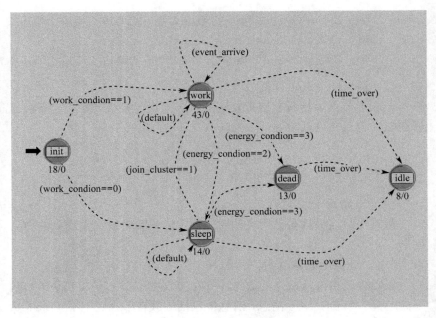

图 11.2　能量进程模型示意图

（1）Init 状态。

设置节点的初始能量，统计出整个网络中存活节点个数；

（2）Idle 状态。

空闲状态，可以根据条件转移到别的状态；

（3）work 状态。

当有上层的包要发送或接收到来自下层的包时，计算发送数据或接收所消耗的能量，主要程序块如下：

```
/*    接收数据时消耗的能量    */
if (strcmp (pk_format, "wsn_receive_packet"))
  {
  consume = data_length * E_elec;
  left_energy = left_energy - consume;
  }
else
  {
```

```
/*    发送数据时消耗的能量    */
if(strcmp (pk_format, "wsn_send_packet"))
    {
    distance = node_distance;
    consume = data_length*E_elec + data_length * E_fs
* distance * distance;
    left_energy = left_energy - consume;
    }
}
```

（4）Dead 状态。

当节点的剩余能量小于某个阈值时，认为该节点死亡，存活节点总数减 1。

11.1.2　节点模型

仿真中涉及到的节点包括 Sink_node 以及普通节点，因此，节点模型的建模要同时设计 Sink_node 模型和普通节点模型，节点模型设计由多个部分构成，在 LEUC 算法实现过程中，不需要面面俱到，这里用到的模块主要有网络层和能量两个模块，对应的是路由层进程和表示层能量两个进程模块；另外，对于数据链路层的处理，则是依赖 CSMA/CD 的进程模块来完成；路由层进程模块的任务是实现包的生成、传输、接收、数据的存储，并使节点选择路由、生成邻居表；对于初始能量的设置交由能量模块来处理，内容包括能量波动、能量余量计算，能量小于设定值后设置节点死亡。对 LEUC 算法进行仿真的内容为以下几个部分，阈值 R_0 的探究，网络生存时间，每轮簇首节点消耗的能量，网络总能耗随时间变化情况。

11.1.3　网络模型

将网络模型设置为在 100m×100m 的正方形监测区域中，随机部署 100 个传感器节点，节点发射功率均可调并且能量有限不可再生，Sink_node 位于该监测区域外，且能量充足。采用的仿真环境参数如表 11.1 所示。

表 11.1　仿真环境参数列表

仿真参数	取值
区域大小	（100m，100m）
节点个数	100
Sink 节点位置	（150m，50m）
节点通信距离	50m～200m
初始能量	0.5J
E_{elec}（表示每比特数据在发射电路消耗的能量）	50nJ/bit
ε_{fs}（自由空间模型能耗系数）	10pJ/bit/m^2
ε_{amp}（多路径衰减模型能耗系数）	0.0013pJ/bit/m^4
包大小	4000bit

11.2　仿真结果分析

（1）簇首偏离簇心阈值 R_0 的确定，本实验中设定簇首节点的通信半径为 50m。

从图 11.3 可以看出，簇首偏离簇心距离阈值 R_0 的确定，直接关系到网络的生存周期。仿真实验中 R_0 取值范围为 0～50，通过以步长为 5 测试 R_0 与网络生存周期的关系。若 R_0 过小，会因为频繁选簇首而使节点过早死亡，导致网络能量分布不均衡，而致使网络生命周期大大缩短。反之若 R_0 过大，簇内节点会因为和簇首距离太远，通信消耗大量能量，同样会使得网络生存周期缩短。从图 11.3 得知，R_0=20m 时网络的生存周期最长，所以在仿真过程中，设定 R_0=20m。

（2）网络生存周期：本实验中设定节点能量小于 0.001J 时死亡，当网络中的剩余节点数量小于总节点数的 80% 则整个网络死亡。

从图 11.4 可以看出，随着网络运行轮数的增加，死亡节点个数不断增加，LEACH 算法在第 66 轮出现第一个死亡节点，在 188 轮死亡节点个数达到总节点数的 80%，网络停止；EEUC 算法的第一个死亡节点出现在第 98 轮，网络停止在 354 轮；而 LEUC 算法在第 115 轮才出现第一个死亡节点，第 466 轮网络停止。

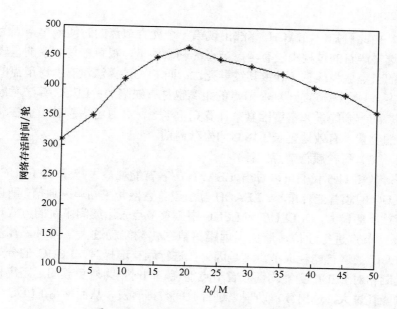

图 11.3 网络存活时间随 R_0 变化的趋势

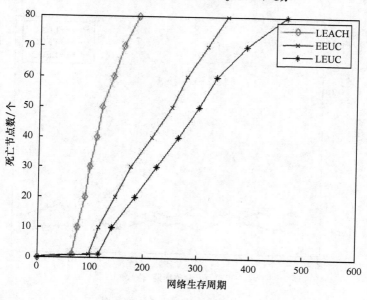

图 11.4 网络生存周期

由此可知，LEACH 算法出现第一个死亡节点的时间最早，因为在选举簇首的过程中没有考虑节点的剩余能量，很可能使剩余能量较小的节点成为簇首，导致其过早死亡；而 EEUC 算法没有考虑节点的密度，只考虑节点到 sink 节点的距离也是有缺陷的；LEUC 算法考虑节点的剩余能量和密度因素来计算竞争半径，并且考虑簇首节点在簇内的位置，有效地延长了网络的生存周期。

（3）每轮簇首节点能耗。

从图 11.5 我们可以看出，LEACH 的簇首能耗最大，然后是 EEUC，LEUC 的簇首能耗最小。LEACH 算法簇首直接和基站单跳通信，所以簇首能耗最大，而 EEUC 和 LEUC 中簇首节点采用簇间多跳的方式与 Sink 节点进行通信，避免了远距离数据传输能耗过大。同时，算法 LEUC 的簇首能耗最小，这是因为在进行簇首选择时，LEUC 的分簇机制相对 EEUC 更能均衡簇首节点能耗，同时，为避免簇间远距离传输能耗过大，选出簇首助理来进行簇间数据转发，从而使得 LEUC 的簇首能耗最小。

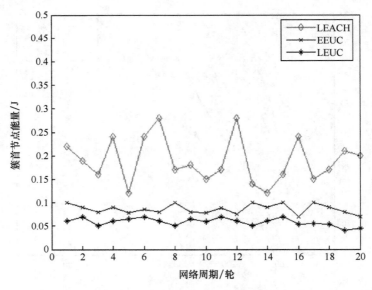

图 11.5　每轮簇首节点的能耗图

（4）网络总能量消耗。

从图 11.6 中可以看到随着运行轮数的增加，LEUC 算法网络的剩余能量明显高于 LEACH 和 EEUC 算法，这是由于 LEACH 和 EEUC 算法在选举簇首和簇间通信时造成了某些节点能耗过大而早死亡，导致了整个网络的能耗不均；LEUC 算法考虑到如果簇首节点偏离簇心太远则重新选取接近簇心的簇首，避免了簇内偏远节点与簇首通信消耗能量过大而导致过早死亡，簇首和 Sink 节点通信时采用多跳方式，选择中继节点时计算链路代价，考虑中继节点的剩余能量，均衡各节点能耗，有效的降低了网络的总能耗。

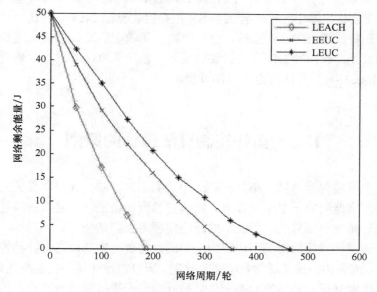

图 11.6　网络总能量消耗

第 12 章 基于地理位置的 LEACH-ML 算法的设计

本章首先介绍在拓扑控制算法时面临的问题及要遵循的基本原则，然后提出基于地理位置的 WSN 拓扑控制算法 LEACH-ML，并详细介绍每一部分的设计过程，包括网络分簇模型的设计，簇头选择机制的设计，簇内和簇间通信机制的设计，簇更新机制的设计，最后给出 LEACH-ML 算法的整个工作过程。

12.1 拓扑控制算法设计的原则

由无线传感器网络拓扑控制的相关概念，可知拓扑控制算法的好坏是网络能耗的一个衡量标准，然而它的设计也是一个复杂的问题，在设计拓扑控制算法时所面临的一些问题可以归结如下。

无线传感器网络是面向特定应用的，需要特定的网络拓扑结构做基础，因为拓扑结构通常是动态变化的，所以在设计拓扑控制算法时，要考虑能够适应网络的动态变化。另外由于无线传感器网络自身的特性决定了它的资源有限性，所以在设计时要求能量是高效的。

为了解决上述存在的问题，在设计拓扑控制算法时，我们要遵循相应的原则。因为拓扑控制主要包括拓扑结构的构建，拓扑结构的维护，所以拓扑控制与网络的覆盖度，网络组网方式，网络中节点的节点度息息相关，另外，为了降低信息传输过程中错误率和信息传输量，拓扑控制需要考虑网络的容错性和能量的有效性。因为无线传感器网络的动态变化的特性，所以拓扑控制应考虑网络具有高的鲁棒性。另外，收敛速度也是不容忽视的一个问题。总结出以下原则。

1. 网络覆盖连通度

无线传感器网络通常应用在监控与跟踪领域，只有节点充分覆盖在监测区域内，采集到的数据才够完整，最后决策出的跟踪目标或者监测对象才更准确，所以如果节点不能保证覆盖整个区域，那么将影响系统的应用质量。如果监测区域覆盖到了，还要考虑网络的连通性，如果某些节点和另一些节点不能通信，那么相当于这些节点被隔离了，即使采集到数据，也不能被利用，这些节点就失去了该有的作用。所以在设计拓扑控制算法时，要使得网络的覆盖度和连通度达到一个平衡的标准。

2. 组网特性

网络组网的方式通常有集中式和分布式两种，集中式组网需要有一个统一的控制节点来总领全局，根据整体状况来控制全网的运行过程，为其他节点分配相应的任务。但是这种方法对于静态网络可能效果较好，而对于动态的网络却效果不好，并且在收集全网信息的过程中，节点消耗的能量以及控制节点的开销是极大的。而分布式方式却不需要知道整个网络的情况，只需要根据局部信息就可以自行运行，该方式能够有效减少不必要的控制开销，并且灵活性强，所以能够很好地应用于动态的无线传感器网络中。在设计拓扑控制算法时，尽量采用分布式拓扑控制方式。

3. 低节点度与容错性

节点度是节点邻居节点的个数，即是节点一跳通信范围可以到达的节点个数。通常要求节点度比较低，因为如果节点邻居个数多，则会使得传输数据时出现碰撞冲突的几率大，需要重传，低的节点度还可有效解决隐藏终端与暴漏终端的问题。但是，并不是节点度越低越好，因为如果节点度太小，信息冗余度低，数据出错的概率会比较大。所以，节点度需要根据具体的应用环境具体设置。

4. 信息复杂度与能量有效性

信息越复杂，意味着越高的能量开销，为了延长网络生存周期，必须要尽量减少不必要的能量消耗，所以在设计拓扑控制算法时，要尽量设计低复杂度的信息来控制节点间通信，从而保证能量能够达到高有效性。

5. 高鲁棒性

无线传感器网络通常应用在环境恶劣的应用系统中，而由于节点自身的特性的限制，节点随时会失效，或者进行弱移动，这样，网络的拓扑结构会发生变化，网络的覆盖度和连通度也可能会发生变化，收集到的数据可能就不准确，所以这时网络需要及时更新。因此，在设计拓扑控制算法时，要考虑网络会动态变化的各种情况，及时设计拓扑更新机制来使得网络结构更加健壮，能够达到较高的鲁棒性。

6. 收敛速度

收敛速度反映的是算法的执行时间，设计的拓扑控制算法要在有限的时间内完成才是可行的，这样可以留出更多的时间用于数据信息的传送。

12.2 LEACH-ML 算法的设计

12.2.1 算法设计思想

在设计算法时本着上节介绍的设计原则——进行，所设计的内容主要包括四个部分，分别是网络分簇模型的设计，簇首节点选举策略的设计，簇内和簇间通信机制的设计，以及簇更新机制的设计。

该算法充分利用地理位置信息，并借鉴 GAF 算法分区的思想，根据能量消耗最小原则计算最优簇个数，根据最优簇个数来确定正六边形区域的边长。传感器节点根据自身所属区域的边长和位置坐标等信息异步确定所在的区域号，不需要全网广播，减少了广播消耗的能量。为减轻节点转发数据的负担，簇内通过运行最小生成树算法形成一棵最小生成树，簇内节点通过该生成树与簇头进行通信，数据沿着簇树逐级融合，可以减轻数据转发量。选择簇头时，优先考虑节点剩余能量、节点成为簇头的次数以及节点度。另外，簇间采用多跳路由进行通信，引入通信链路代价模型，通过改进 MTE（Minimum-Transmission-Energy）算法选择下一跳。这样减少了节点间能量的消耗，从而延长了网络生存周期。

12.2.2　相关定义

本节对算法中涉及到的最优簇个数，最小发射功率，链路通信代价模型，簇头选择权重概率公式以及相关术语给予定义。

1. 最优簇个数

若 $L*L$ 的正方形监测区域内的 N 个节点被均匀划分为 k 个簇，每个簇内的节点数为 $N/k-1$，根据节点能耗模型可知：簇头能耗包括接收簇内节点感知数据的接收能耗、数据聚集能耗和向 BS 转发数据的发送能耗 3 个部分。成员节点能耗包括数据感知能耗和向簇头发送数据包能耗。簇头能耗 E_{CH} 和节点能耗 E_{member} 具体形式为

$$E_{CH} = \left(\frac{N}{k} - 1\right) l E_{elec} + l E_{DA} \frac{N}{k} + \left(l E_{elec} + l \varepsilon_{amp} \frac{k^3 d^4_{toBs}}{L^4}\right) \quad (12\text{-}1)$$

簇内成员节点距离相对近，所以

$$E_{member} = l E_{elec} + l \varepsilon_{fs} d^2_{toCH} \quad (12\text{-}2)$$

式中　d_{toCH}——节点与簇头的距离；

d_{toBS}——簇头与 Sink 的距离；

E_{DA}——聚集 l 数据包的能耗；

E_{elec}——电子学能量，由数字编码、调制、滤波、信号频带这几个因素所决定；

ε_{fs}，ε_{amp}——常数，是功率放大系数，它取决于发送节点与接收节点间的距离和可接受的误码率。

由以上两式可以得出，一个簇内所有节点总能耗为

$$E_{\text{cluster}} = E_{\text{CH}} + (N/k-1)E_{\text{member}} \Rightarrow$$
$$E_{\text{cluster}} \approx N/k * E_{\text{member}} + E_{\text{CH}}$$
（12-3）

整个网络的总能耗为

$$E_{\text{total}} = kE_{\text{cluster}} \approx NE_{\text{member}} + kE_{\text{CH}} \Rightarrow$$
$$E_{\text{total}} = l\left(2NE_{\text{elec}} + N\varepsilon_{fs}d^2_{\text{toCH}} + E_{\text{DA}}N + \varepsilon_{\text{amp}}\frac{k^3d^4_{\text{toBs}}}{L^4}\right)$$
（12-4）

在边长为 L 的正六方形监测区域内，正六边形外接圆的半径 d_{toCH} 可看作六边形区域的边长。设簇头节点位于六边形中心，则它的通信范围为 $2\pi d_{\text{toCH}}^2$，得

$$L^2/k = 2\pi d_{\text{toCH}}^2 \Rightarrow$$
$$d_{\text{toCH}}^2 = L^2/(2\pi k)$$
（12-5）

将式（12-5）代入式（12-4）可以得出

$$E_{\text{total}} = l\left(2NE_{\text{elec}} + N\varepsilon_{fs}\frac{L^2}{2\pi k} + E_{\text{DA}}N + \varepsilon_{\text{amp}}\frac{k^3d^4_{\text{toBs}}}{L^4}\right)$$
（12-6）

式（12-6）继续求导运算得：

$$3\varepsilon_{\text{amp}}\frac{k^2d_{\text{toBS}}^4}{L^4} - \varepsilon_{fs}\frac{NL^2}{2\pi k^2} = 0$$
（12-7）

从而得出网络分簇的最优个数：

$$k_{\text{opt}} = \sqrt[4]{N/(6\pi)} * \sqrt[4]{\varepsilon_{fs}/\varepsilon_{\text{amp}}} * L\sqrt{L}/d_{\text{toBs}}$$
（12-8）

由面积相等公式 $L*L = k_{\text{opt}}*3\sqrt{3}/2*d^2$ 得到正六边形边长：

$$d^2 = 2L*L/3\sqrt{3}k_{\text{opt}}$$
（12-9）

2. 确定节点间最小发射功率

在无线通信领域，常见的无线信道损耗模型包括 Friis 自由空间传输损耗模型和对数常态分布损耗模型。

然而，在实际应用中，节点之间的通信将受到如多径，物体遮挡和衍射等因素的影响，所以采用对数常态分布损耗模型较为合理：

$$L(v_1, v_2)_{dB} = L(d_0)_{dB} + 10\gamma \lg\left(\frac{d(v_1, v_2)}{d_0}\right) + X\sigma \qquad （12-10）$$

根据传输损耗可以计算出节点之间进行通信所需要的发射功率的最小值：

$$p(v_1, v_2) = k \times L(v_1, v_2)_{dB} + \varphi \qquad （12-11）$$

式中　$L(v_1, v_2)_{dB}$——节点 v_1 到节点 v_2 间的通信损耗；

d_0——近地参考距离，通常为常数 1m；

$L(d_0)$——d_0 处的传输损耗；

γ——路径损耗系数，表明路径损耗随距离增长的速率，依赖于特定的通信环境，典型值为 1.5～6，遮蔽因子 $X_\sigma \sim N(0, \sigma^2)$ 与障碍物的损耗有关；

k——比例系数；

φ——偏移量，是与网络系统本身相关的系数。

3. 确定通信链路代价

节点间正常通信的最小发射率反映了节点间进行通信的传输能耗，网络的生命期不仅与节点的发射功率相关，还和节点的剩余能量有关，如图 12.1 所示。在进行节点之间的通信链路成本的计算时，考虑到传输能量消耗和节点的剩余能量等节点间的因素。由于剩余能量越大，节点的链路代价越小，所以综合考虑，对于网络中任意节点 v_1 和节点 v_2 的通信链路$(v_1, v_2) \in E$ 的通信链路代价函数定义为

$$LC(v_1, v_2) = t_T * \left[\frac{k_1 * p(v_1, v_2)}{e^{E_{curr}(v_1)/E_{Init}}} + \frac{k_2 * p_R}{e^{E_{curr}(v_2)/E_{Init}}}\right] \qquad （12-12）$$

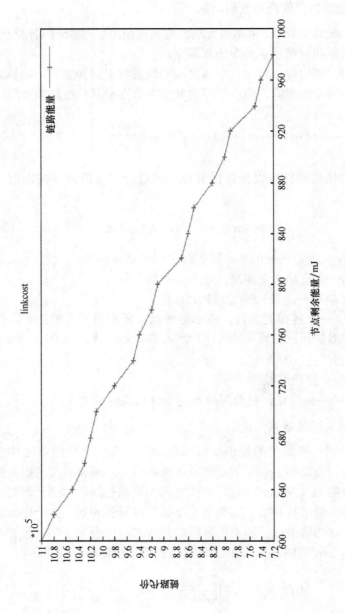

图 12.1 节点剩余能量与链路代价的关系

式中 k_1 和 k_2——网络节点的权重因子；

E_{Init}——节点初始能量；

$E_{curr}(v_1)$ 和 $E_{curr}(v_2)$——节点 v_1 和节点 v_2 的当前剩余能量；

P_R——节点的接收功率。

这里只讨论同构网络，固取 $k_1=k_2$。

4. 剩余能量

节点的初始能量与节点消耗能量的差值。

5. 节点度

簇内构造最小生成树后，节点逻辑邻居的个数。

6. 簇头选择权重概率

$$p = p_1 * (\frac{E_{curr}}{E_{Init}} - \frac{1}{n_{other}}) + p_2 * (\frac{d}{N})^2 + p_3 * \frac{1}{n} \qquad （12\text{-}13）$$

式中 $p_1+p_2+p_3=1$；

E_{curr}——节点当前剩余能量；

E_{Init}——节点初始能量；

d——节点的节点度；

N——节点所在区域内的节点个数；

$1/n_{other}$——接下来节点将要消耗的其他能量，通常取 $15 \leqslant n_{other} \leqslant$ 25；

d——节点度；

n——节点成为簇头的次数。

12.2.3 网络分簇模型的设计

1. 区域模型研究

常用的分区方法都将区域分为正三角形，或者正方形，或者正六边形，还有圆形和扇形等等。由空间填充的原理可以知道，只有前三者可以将一个平面完全填充，即不互相重叠同时不存在空隙。在这三种图形中，用同样的边长的话，得到的正六边形的面积是最大的，即是说正六边形有"完全填充"和"最具效率"两种优势。同时也遵循着最小作用这一自然界最普遍的原理。

监测区域被等面积地划分为多个正六边形小区域，小区域中的所有节点就构成了簇。簇所覆盖的范围大小相等，分簇均匀，无"空洞"产生，不存在"无用节点"，能大幅度提高分簇的可靠性和通信能力。对同一矩形监测区域的划分，正六边形分簇接近圆形分簇的理想功率覆盖区域，可以完全覆盖整个监测区域，并且没有出现任何缝隙或者重叠区域，直观上就可以判断肯定在无缝覆盖方面优于圆形分簇。而使用正方形分簇所生成的子区域个数比正六边形分簇所生成的子区域要多，按照正六边形分簇方案对监测区域进行划分，只要确定网络当中的传感器节点的传输距离就可以用最少的传感器节点完成对整个网络的监测。由于传感器网络中的节点的通信范围一般来说是一个圆形区域，该方案中所采用的正六边形分簇模式比正方形分簇要更加接近一个完整的圆；另一方面，正六边形比正方形更"同构"。因此正六边形分簇比正方形分簇效果更佳。所以，设计方案采用分簇效果更佳的正六边形分簇。

2. 分簇策略

本算法的网络模型是由互相不重叠的正六边形区域构成，每个区域为一个簇。每个正六边形区域号都是由一个坐标来表示，如图 12.2 所示具体定义为

$$\text{Area}_{id}=\{(col, line)|col=\text{GetCol}(x_i, y_i, d), \ line=\text{GetLine}(x_i, y_i, d)\}$$

式中　　col——区域所在列号；

　　　　line——区域所在行号；

　　　　(x_i, y_i)——节点 i 的坐标；

　　　　d——正六边形的边长。

该模型有如下假设：

（1）网络中节点随机抛撒在区域内；

（2）已知基站的位置；

（3）节点部署后位置不移动；

172

（4）网络中的节点都装载有 GPS 装置，可以获得精确的地理位置信息；

（5）同区域内节点间保持时间同步；

（6）节点之间的通信链路对称；

（7）MAC 层传输障碍和包碰撞问题都已经解决。

下面对编号的实现原理进行详细介绍。

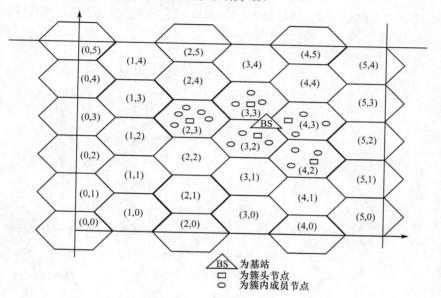

图 12.2　网络模型

1）首先判断节点所处的象限

假设节点坐标为（ux, uy），六边形边长为 length

ux>0 且 uy>0，则节点处于第一象限；

ux<0 且 uy>0，则节点处于第二象限；

ux<0 且 uy<0，则节点处于第三象限；

ux>0 且 uy<0，则节点处于第四象限。

2）以第一象限为例来说明节点如何获取所处区域的编号

（1）按横坐标划分区间。

划分区间的规则为，将横坐标从 0 到 6 划分成[0, 1), [1, 2), [2, 3),

[3, 4)，[4, 5)，[5, 6)，编号分别为 0，1，2，3，4，5。从图中可以看出这个 6 个区间成为一个周期，其他周期的节点可以按照同样的方法计算区域号。

（2）计算区域列号。

从图 12.3 中可以看出，如果节点在 0，2，3，5 区间，则不需要判断节点在分割线的哪一侧，当横坐标落在[0, 1)区间时，返回列号 0，落在[2, 3)和[3, 4)时，返回列号 1。如果横坐标落在[5, 6)区间，则返回列号 2。

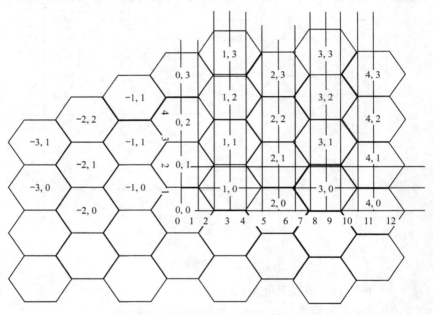

图 12.3　网络模型示意图

若横坐标落在[1, 2)和[4, 5)内，需要判断节点在分割线的哪一侧：

若落在[1, 2)内，当节点在分割线上侧时，返回列号 1，否则返回列号 0；

若落在[4, 5)内，当节点在分割线上侧时，返回列号 1，否则返回列号 0。

（3）计算行号。

174

横坐标在 2，3 区间内的节点，行号计算方法为

$$floor(\frac{uy}{\sqrt{3}length})$$

横坐标落在 0，5 区间内的节点，行号计算方法为

$$floor(\frac{uy+\sqrt{3}}{\sqrt{3}length})$$

横坐标在 1 区间，如果节点在分割线上方，则行号为

$$floor(\frac{uy}{\sqrt{3}length})$$

如果节点在分割线下方，则行号为

$$floor(\frac{uy+\sqrt{3}}{\sqrt{3}length})$$

横坐标落在 4 区间，如果节点在分割线上方，则行号为

$$floor(\frac{uy}{\sqrt{3}length})$$

如果节点在分割线下方，则行号为

$$floor(\frac{uy+\sqrt{3}}{\sqrt{3}length})$$

12.2.4 簇首节点选举算法的设计

网络节点被随机抛撒到目标区域后，节点根据自身的 GPS 装置获取位置信息 Location(x, y)，然后将 ID 号和位置信息发送给基站。与此同时，节点保存自身的邻居信息，包括 id 号和坐标，并向邻居发送确认信息。基站统计收到的全网拓扑信息，根据公式（12-8），计算出最优簇个数，由公式（12-9）得到正六边形边长 d。然后在全网广播 d，其他节点可以异步运行正六边形分区算法，根据收到的 d 和自身坐标

计算出所属区域号，同时可以计算出邻居节点所属区域号，然后删除邻居节点中和自己不在同一区域内的节点信息，最终，网络分区操作完成。这样同一个区域内的节点聚为一簇，接下来开始在每个区域内竞争簇头。

针对 LEACH 算法随机选取簇头的不足，本算法在选择簇头时综合考虑了剩余能量、节点度、节点成为簇头的次数三个因素，将此三个因素构成簇头权重概率公平竞争簇头。

根据簇头选择权重概率公式，计算出权重概率 P，在仿真时取 $p_1=1/21$，$p_2=13/21$，$p_3=7/21$，$n_{other}=20$，并且规定每个消息字段占 8 个字节。首先，节点广播权重信息 CHPri_Msg，此消息包含节点的 ID 号，节点所在区域号，节点地理位置信息，优先权四个字段。收到消息的节点比较权重概率。若自身的权重概率大，则广播自身的信息，否则不再广播，直到广播时间 $t_{broadcast}$ 到达为止。至此，本区域簇头节点已确定。其次，簇内节点向簇头发送加入簇请求消息 CM_Msg，此消息包含节点的 ID 号，节点所在区域号，节点地理位置信息，请求入簇信息。簇头节点给予确认并保存簇内节点信息。最后，簇头节点将成功选为簇头的消息 CHSuccess_Msg 发给基站，此消息包含节点 ID 号，节点所在区域号，节点地理位置信息，成功入簇信息。基站更新全网拓扑信息，这样就完成了簇结构的建立和簇头的选择。

12.2.5 簇内和簇间通信机制的设计

为了使设计的算法更加完善，分别设计了簇内和簇间通信机制。对于簇内通信，本算法研究了最小生成树链路代价最小的原则，簇内节点根据链路代价函数计算出到邻居节点的链路代价，将链路代价作为权重，运行最小生成树算法，形成一棵最小生成树，簇成员节点和簇头沿着最小生成树通信。

在簇内运行最小生成树算法，一方面能使簇内通信代价最小，另一方面，簇内数据能够沿着簇树逐级融合，减轻了簇头节点的负荷。

簇间采用多跳通信方式，根据能量模型可知，当节点之间距离大于阈值 d0 时，能量的消耗和距离成 4 次方的关系，所以可以通过尽量避免一跳通信来减少能量的消耗。本算法利用改进的 MTE 算法来选择下一跳，即不论通信的两个节点是否处于同一区域，节点接收到发送节点的消息时，需要重新计算下一跳。

由 MTE 算法可知，选择的下一跳节点是距离 *BS* 最近的邻居节点，节点通过通过多跳转发方式来实现最小传输能耗，最终建立起监测区域中数据发送节点到基站的路由。当且仅当

$$D^2_{u-BS} > D^2_{u-v} + D^2_{v-BS}$$

需要将节点 u 的下一跳节点更新为 v，并且更新 D^2_{u-BS} 为

$$D^2_{u-BS} = D^2_{u-v} + D^2_{v-BS}$$

由于该算法只考虑了距离因素，简单地将距离反映为能量的消耗，并未真实考虑节点的剩余能量，所以引入链路通信代价，改进 MTE 算法如下。

任何节点都可计算出通信链路代价 LC(*i*, BS)。若节点 u 在收到节点 v 的消息后，当且仅当

$$LC^2(u, BS) > LC^2(u, v) + LC^2(v, BS)$$

节点 u 更新下一跳节点为 v，且更新 $LC^2(u, BS)$ 为

$$LC^2(u, BS) = LC^2(u, y) + LC^2(v, BS)$$

网络结构图如图 12.4 所示。

12.2.6　簇更新机制的设计

由于传感器节点能量有限，担任簇头的节点能量消耗比较大，所以如果一直担任此角色，会使能量耗尽而过快死亡，随着网络的继续运行，网络中节点能量不均衡程度增加，所以为了使得网络节点能量消耗尽量均衡，需要簇头周期性轮换。因为本算法在簇内运行最小生成树算法，如果根据时间周期性重构簇，簇内就要重新构造最小生成树，会产生大量的控制信息，进而造成大量能量的消耗，不适用于本算法。因此，该算法采用按需重构策略，即当节点能量小于某一阈值时启动簇重构。

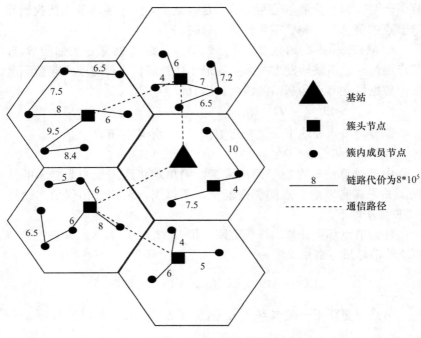

图 12.4　网络结构图

　　分簇每次完成后，在进入稳定的数据传输阶段之前，所有簇头记录当前剩余能量，记为 E_{curr}。在数据传输阶段，簇头节点时刻监测剩余能量。若在某一时刻 $E_{curr} < aE_{curr}$（$0<a<1$，可根据应用需求来设置），则簇头发起重构簇的信息请求，在本簇内重新选择簇头。原簇头需要将存储的其他簇头信息发给新的簇头，新簇头要将自身信息发给其他簇头和基站 BS，最终 BS 和其他簇头更新信息表。

12.3　LEACH-ML 的工作过程

　　该算法从分区，簇内运行最小生成树算法，建立簇结构，簇的更新，簇间路由等几个步骤来完成。该算法流程图如图 12.5 所示。

178

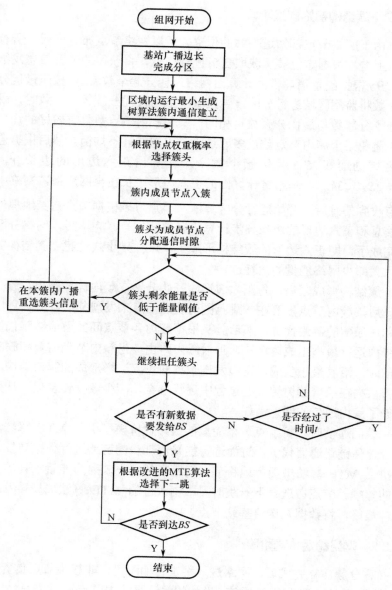

图 12.5　算法流程图

12.3.1 簇结构初始创建阶段

由于所有节点都知道基站的位置，所以网络节点布置好后，所有节点上电，根据定位装置获取自身位置信息，将获得的位置信息发给 BS，BS 根据能量消耗模型计算出网络最佳分簇个数 k_{opt}，按照最优分簇个数将监测区域进行分区，当区域个数与最优分簇数目一致时，既保证了分簇数与最优分簇数目相同，又使簇内节点数具有较好的均匀性，避免某个簇内节点数过多或过少，引起能耗不均衡。然后根据监测区域的面积 S，最优簇个数 k_{opt} 计算出正六边形的边长 r，$r^2 = 2S/3\sqrt{3}k_{opt}$。基站将计算出的正六边形边长在全网广播，网络中节点收到信息后，开始运行分区算法，节点可以根据节点自身地理位置信息和正六边形的边长异步计算出所属区域号。完毕后，网络分区就完成了，即正六边形的簇结构形成了。这样异步式地建立簇结构能够大大减少网络能量的消耗。

簇结构形成之后，各正六边形簇开始分别在簇内选择簇头。簇头选择后，簇内节点需要在一跳范围内发送信息来发现邻居，并计算出和邻居通信的链路代价，然后簇头根据簇内各节点间的通信链路代价在簇内运行最小生成树算法，形成簇内路由，当簇内节点需要和簇头通信时，沿着最小生成树逐级发送数据即可，这样形成的簇树结构，使得数据在沿着簇树转发的过程中逐级融合，减少数据转发量，从而降低了簇内通信的能量消耗。

簇间通信时，将节点剩余能量的链路代价模型引入 MTE 算法，综合评估链路通信代价，进而选择能量消耗少的链路进行数据转发，解决了 MTE 算法中简单地将节点间距离的大小映射为能量消耗的多少的弊端。节点在选择下一跳时，根据改进的 MTE 算法选择转发路径。最终，将数据发送给基站节点。

12.3.2 网络稳定传输阶段

各分簇建立完成后，网络进入稳定传输阶段，非簇头节点负责采集数据，需要定期和簇头通信。设计的算法是簇内节点采用 TDMA 机制定期通信。簇头节点为簇内每个节点划分一个信息发送时隙，节点根据这个时槽来向簇头发送信息，而一个周期完毕后，会留有一个小的时隙来保证簇头将本簇内的数据发送给下一跳节点。

TDMA 机制保证了相同簇内节点分时隙发送数据，对于不在同一簇的相邻簇中，可能会有多个节点发送数据而造成簇间信号的干扰。所以可以采用 DSSS 编码机制，每个簇设置一个唯一的编码，可以保证相邻簇各自发送数据时不受到干扰。

在 LEACH 算法中，簇头直接和基站直接通信，所以距离基站较远的簇头节点能量很快耗尽而失效，降低网络性能，网络的生命周期随之下降。簇头节点是直接和 BS 节点通信的，因此距离 BS 节点较远的簇头节点，能量消耗很快，影响了网络的性能。而算法是在一个周期结束时，簇头节点在剩下的时槽内将融合后的整个网络的信息多跳发送给基站节点。网络的总体运行过程如图 12.6 所示，建立阶段和稳定传输阶段构成了网络运行的一个周期，其中网络初始建立阶段消耗的时间远远小于稳定传输阶段消耗的时间。在稳定传输阶段，时间被划分为若干个帧，在每个帧内簇内节点在自己的时槽内发送数据。

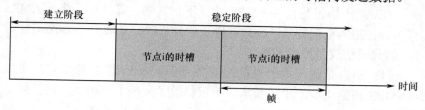

图 12.6　网络的总体运作过程

在稳定传输过程中，当有节点失效时，簇头节点报告基站，基站重新计算最佳六边形的边长，在全网广播，新一轮的簇结构创建阶段重新开始。

第 13 章　LEACH-ML 算法的实现与仿真

本章首先对 MIT u-AMPS NS 代码进行修改和扩展，进而设定仿真环境和仿真指标，最后给出 LEACH-ML 算法的实现与仿真过程。

13.1　MIT u-AMPS NS 代码的修改与扩展

LEACH 协议是在 u-AMPS 背景下仿真的，算法也是将 u-AMPS 作为 otcl 层的框架背景，在此基础上进行修改。下面介绍 u-AMPS 对 NS 的代码修改和扩展工作。

NS 中自带的无线节点的配置并不负荷 LEACH 的要求，所以 u-AMPS 根据 LEACH 的要求，不仅修改了无线节点模块，还扩展了节点模块以增加 LEACH 协议的新特点。U-AMPS 修改无线节点的部分包括网络接口层次和 mac 层次，扩展了节点的能量消耗模型，节点所处状态，还有 LECH、LEACH-C 等协议。

u-AMPS 修改和扩展的具体内容有六各方面。

1. 能量自适应节点

因为能量自适应节点有一个 Resource Manager 模块，所以它意味着当应用层需要更新节点资源状态，如查询剩余能量、增加能量或者减少能量时，就可以调用资源管理器与应用层的接口即可。该节点结构图如图 13.1 所示。

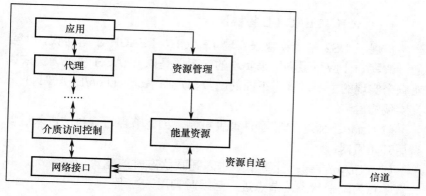

图 13.1　资源自适应节点结构图

2. 网络接口

网络接口对象在物理层，在模拟仿真时，如果接收到一个来自 MAC 对象的数据包，可以估算与发送者之间的距离，进而来设置节点间传输所需能量，以便为以后发送数据或接收数据时减掉相应的能量做准备。

若节点收到数据时没有处于活跃状态，则网络接口对象会自动丢掉该数据包，活动状态的节点收到数据包时，如果信号强度大于监测阈值，其网络接口对象会直接向 mac 层传输数据，而信号强度大于监测阈值但是小于成功监测阈值，则在将数据包发送给 mac 层之前，数据包会被标记为 error。

3. MAC 协议

对于 mac 层，LEACH、LEACH-C 等协议运行的是 CSMA 协议，另外采用 DSSS 编码传输来避免位于不同簇的节点发送数据产生干扰的现象。u-AMPS 在 MAC 层上设计了 CSMA 协议和 DSSS 编码都支持的功能。当节点收到的数据包的编码是自身的编码，就接收该数据包，当接收到的数据包的编码和自身编码不相同时，丢掉该数据包。

实际上，TDMA 机制是在 NS2 中的 mac 层模型中实现的，而 u-AMPS 扩展代码时是在应用层 Application 类中定义的，它对仿真结果没有影响。

4. LEACH、LEACH-C 等协议

扩展了 NS2 中的模块来实现 LEACH、LEACH-C 等协议，主要通过改写 otcl 应用层脚本来实现的。下面是以 LEACH 协议为例来说明整个实现的主要过程，下面的函数都是在 Application/LEACH 下定义实现的。

（1）start：NS2 具有事件调度机制，创建节点后会自动进入过程调用开始组网；

（2）GoToSleep：计算节点进入睡眠状态时的能量消耗情况，并设置节点为睡眠状态；节点进入睡眠时调用该过程，

（3）WakeUp：计算节点处于唤醒状态需要消耗的能量，唤醒该节点，并设置节点为唤醒状态；

（4）setCode：用于不同节点的 DSSS 编码的设置；

（5）checkAlive：该过程用来周期性调用以检查节点是否存活；

（6）decideClusterHead：节点随机生成一个值，判断该值所处的范围，根据该值来判断该节点是否成为簇头节点；

（7）advertiseClusterHead：簇头节点调用该过程来在全网广播消息；

（8）indBestCluster：节点查找距离自己最近的簇；

（9）informClusterHead：，并向簇头节点发送加入该簇的消息；

（10）createSchedule：簇头节点建立 TDMA 时隙，给簇内节点分配传输信息时隙。

5. 基站应用层协议

基站需要总揽全局，掌握整个网络的运行情况以及网络的有用信息。基站根据其他节点发送给它的信息，来了解整个网络的运行情况，如跟踪目标的位置，网络中存活和死亡节点的个数等，通过这些信息可以及时给网络反馈。

6. 数据统计

主要是节点通过定期感应需要的信息，再将这些信息同时写进指定的文件中，如：定期采集存活节点的个数、节点的剩余能量、邻居节点个数等。

13.2 仿真环境与仿真指标

利用 NS2 仿真工具，对 LEACH、GAF、LMST 和改进后的算法进行了仿真，仿真场景设置为边长为 2000m 的正方形监测区域，节点数目从 200 个 1200 递增到 1200 个，抛撒在该区域中，节点定期采集数据，并经过多跳方式发送给基站。网络具体仿真场景参数如表 13.1 所示。

表 13.1　场景参数汇总

仿真参数	取值
网络大小	从（0, 0）到（2000, 2000）
节点个数	依次取 200，300，400，500，600，700，800，1000，1100，1200
基站位置	（0, 0）
初始能量	1000mJ
传输范围	250m
E_{elec}	50nJ/bit
ε_{fs}	10pJ/bit/m^2
ε_{amp}	0.0013pJ/bit/m^2
E_{DA}	5nJ/bit/signal
P_R	3.95mw

节点各项参数在 otcl 代码中的具体设置如下所示。

```
Phy/WirelessPhy set CSThresh_ 9.74527e-13 ;
Phy/WirelessPhy set RXThresh_ 2.28289e-11  ; #前两行表
示传输距离为 250m
set val(ifqlen) 200 ;
set val(nn) 200 ; # number of mobilenodes
set val(rp) leach-ml
set val(chan) Channel/WirelessChannel
set val(prop) Propagation/TwoRayGround
```

```
set val(netif) Phy/WirelessPhy
set val(mac) Mac/802_11
set val(ifq) Queue/DropTail/PriQueue
set val(ll) LL
set val(ant) Antenna/OmniAntenna
set val(stop) 60
set val(energy) EnergyModel
Agent/GPSR set planar_type_ 1
set ns_ [new Simulator]
set tracefd [open sdrad.tr w]
$ns_ trace-all $tracefd
set namtrace [open sdrad.nam w]
$ns_ namtrace-all-wireless $namtrace 2000 2000
set topo [new Topography]
$topo load_flatgrid 2000 2000
create-god $val(nn)
set channel [new Channel/WirelessChannel]
$channel set errorProbability_ 0.0
$ns_ node-config -adhocRouting $val(rp) \ ; #以下部分
是对节点参数的设置
-llType $val(ll) \
-macType $val(mac) \
-ifqType $val(ifq) \
-ifqLen $val(ifqlen) \
-antType $val(ant) \
-propType $val(prop) \
-phyType $val(netif) \
-channel $channel \
-topoInstance $topo \
-agentTrace ON \
-routerTrace ON \
-macTrace OFF\
-energyModel EnergyModel\
-initialEnergy 2000\
```

```
-txPower 0.660\
-rxPower 0.395\
-idlePower 0.035\
-sleepPower 0.001
set rng [new RNG]
$rng seed 0
set rand1 [new RandomVariable/Uniform]  ;#下面是节点随机
```
分布 2000*2000
```
;#区域内
$rand1 use-rng $rng
$rand1 set min_ 0.0
$rand1 set max_ 2000.0
set rand2 [new RandomVariable/Uniform]
$rand2 use-rng $rng
$rand2 set min_ 0.0
$rand2 set max_ 2000.0
```

另外，根据算法对于网络运行性能的影响与影响程度，主要从四个方面进行性能分析和仿真，包括能量阈值系数 a 的确定、网络生存时间、网络节点能耗、节点平均功率。能量阈值系数关系到簇头节点轮换的时机，如果 a 偏小，簇头轮换太频繁，网络能量消耗会相应增加，如果 a 偏大，簇头节点剩余能量较小，生存时间有可能会降低，所以 a 的确定很关键。在做网络节点能耗计算时，计算的是节点的能量消耗方差，反映了节点在运行过程中的能量消耗均衡度。发射功率越大，节点消耗能量越小，所以选择了平均发射功率这一指标来 LEACH-ML 进行分析。

13.3　仿真过程

在进行 LEACH-ML 算法仿真时主要包括以下几个步骤。

（1）安装 NS2.35，并加载 u-AMPS NS 代码到 NS2.35 中；

（2）分析 NS 内部实现代码，研究 u-AMPS 在此基础上对 NS 扩展后的代码；

（3）扩展 NS 的源代码来实现设计的 LEACH-ML 算法；

（4）调试并测试改写后的算法；

（5）利用 gawk 工具对生成的 trace 文件进行数据分析，并利用 gnuplot 画图工具对分析的数据进行图形显示。

（6）通过观察图形显示情况，针对几个指标，对算法进行分析。

13.3.1　MIT u-AMPS NS 代码的加载

MIT u-AMPS 扩展 NS 是在 NS2.1b5 中完成的，现今下载的源代码都是在 NS2.27 上进行的。由于在进行仿真时，使用的是最新版本 ns2.35，因此，需要加载 u-AMPS NS 代码到 NS2.35 中，详细操作过程如下

首先下载 NS 的源代码，并安装到 NS2.35 中；

其次是修改和替换 MIT u-AMPS NS 扩展代码，可以下载 MIT u-AMPS 对 NS 的扩展源代码，对 NS 中相关的文件进行替换和修改。

最后是使用 make 命令，编译修改过的源代码判断有没有错误。

13.3.2　源代码分析

因为改进的算法那涉及到 C++层次和 otcl 层次，所以想要扩展 NS 源代码，需要根据相应的需求分析 NS 原有的代码，在此基础上，添加新的代码。要实现 LEACH-ML 算法，首先要熟悉原有 NS 节点的相关配置，看是否满足本算法的需要，其次要分析 u-AMPS 对 NS 扩展后的代码是否能够满足需求。下面是分析 u-AMPS 扩展 NS 后的一些源文件。

（1）应用层相关代码：ns-allinone-2.27\ns-2.27\mit\uAMPS 目录下的 app.h, app.c 两个文件，用于实现应用层相关功能。

（2）MAC 层相关代码：ns-allinone-2.27\ns-2.27\mac\文件夹下的 mac 层源文件 mac.cc，信道文件 channel.cc，mac 层传感节点文件 mac-sensor.h 和 mac-sensor.cc，以及链路头文件 ll.h，还有 mac 传感器节点相关时间调度文件 mac-sensor-timers.cc ，mac-sensor-timers.h，

物理相关设置文件 phy.cc，phy.h，无线传感器节点物理层相关设置文件 wireless-phy.cc，wireless-phy.h。

（3）节点和分组相关代码：ns-allinone-2.27\ns-2.27\common 文件夹内的报文格式文件 packet.cc，packet.h 和移动节点文件 mobilenode.cc 三个文件。

（4）跟踪相关代码：ns-allinone-2.27\ns-2.27\trace 文件夹内的跟踪头文件 cmu-trace.h 和跟踪源文件 cmu-trace.cc。

（5）节点能量，代理及资源部分代码：ns-allinone-2.27\ns-2.27\mit\rca 文件夹内的链路 rca-ll.h，rca-ll.cc，能量 energy.cc，energy.h，资源 resource.h，resource.cc，代理 rcaent.cc，rcagent.h。

（6）此外节点应用层，节点资源管理接口等功能的实现是可以参见 ns-allinone-2.27\ns-2.27\mit 目录下的相关 otcl 脚本程序。

13.3.3　LEACH-ML NS 代码扩展

对 LEACH-ML 算法进行仿真，在扩展 NS 代码时，是在 u-AMPS 的框架背景下完成的。LEACH-ML 是在 LEACH 协议的基础上进行改进的，MAC 层、网络接口层、代理等部分的实现过程可以重用 u-AMPS 扩展的部分。LEACH-ML 仿真代码扩展工作主要包括以下几部分：首先是 c++源文件的扩展，其次是 otcl 层次的扩展。

1. 搭建仿真平台

仿真是在 VMware-workstation-6.5 +Fedora10.0，NS2 是最新 NS-2.35 版本，物理层和 mac 层都不需要重新定义，利用 NS2 自带的 IEEE802.15.4 标准中定义的即可，网络层代码是需要我们做的，网络层代码的编写是在 NS2 的安装目录/home/ns-allinone-2.35/ns-2.35/中完成的。要实现的部分主要有 leach-ml.cc、leach-ml.h、leach-mlpacket.h 和 leach-mlrtable.h 四个文件，其中 leach-ml.cc 实现发起组网，簇结构的建立，簇的更新，包处理，发现路由及路由维护，leach-ml.h 主要是一些和实现有关的类的定义，leach-mlpacket.h 是各种网络传输分组数据结构的定义，leach-mlrtable.h 是一些操作和路由表中的数据结构的定义。leach-ml.cc 的实现主要由以下几部分构成。

1）设计基站节点的 Application 类

定义应用层对象和过程来实现如下功能。

（1）向网络上所有节点广播建网开始消息，该消息包括基站节点地理位置、所划分区域的边长等。

（2）根据接收到的数据统计接收到的数据包个数和整个网络节点存活量以及失效节点个数。

2）设计 sensor 节点 Application 类

按照 ns 离散事件模拟的特性，sensor 节点在设定的时间模拟各个离散事件。下面是一些重要的离散事件，它们都是在 Application/LEACHML 下定义实现的。

> Start：NS2 具有事件调度机制，创建节点完毕会自动进入过程调用开始组网；

> GoToSleep：计算节点进入睡眠状态时的能量消耗情况，并设置节点为睡眠状态；节点进入睡眠时调用该过程，

> WakeUp：计算节点转换为唤醒状态需要消耗的能量，唤醒该节点，并设置节点为唤醒状态，并设置节点为唤醒状态；

> SetNodeCode：用于不同节点的 DSSS 编码的设置；

> CheckNodeAlive：调用该过程来检查节点是否存活，该过程周期性被调用；

> FindAreaId：每个周期开始时，节点调用该过程，确定自身所处区域号；

> AdvertiseClusterHead：区域内节点广播优先权来竞争簇头；

> InformClusterHead：区域内普通节点向簇头节点发送加入该簇的消息；

> CreTimeGap：簇头节点建给簇内每个节点分配一个 TDMA 时隙来传输信息；

> SelectNextHop：节点选择下一跳；

> SendToNext：簇头节点收集簇内所有融合的数据后发送给下一跳；

> ComputeCHPriority：计算节点成为簇头节点的优先权值；

> Recv：该过程是 NS 自动调用的，当节点应用层收到数据时该过程会自动被执行。该过程中定义了相应的其他过程根据接收到数据包类型的不同分别执行相应的过程。这些过程包括 recvBrod_CH，recvBrod_CN，recvDATA，

recvForward,

其中过程 recvBrod_CH 是簇头节点收到 broadcast 消息后执行，recvBrod_CN 是普通节点收到 broadcast 消息后执行，recvDATA 是该过程是簇头节点收到普通节点发送的数据后需要执行的。recvForward：该过程是普通节点收到数据后需要调用的，根据目的地址将数据转发给下一跳节点。

2. 编写前台 tcl 脚本文件和场景文件

编写仿真脚本文件 leach-ml.tcl，创建场景文件 leach-ml.scn。leach-ml.tcl 文件中可以对监测场景区域的大小、节点间通信利用的协议、节点间通信半径、区域内节点的个数、数据流的类型和代理等进行设置，同时设置节点触发事件的时机，即节点在何时发送数据，何时网络仿真结束等。综上可知，在网络模拟仿真时所需的各种参数都是在 leach-ml.tcl 文件中设置的，想要实现不同场景的仿真，可以通过修改 tcl 文件中的参数来实现。

3. 进行后台相关配置

具体配置的步骤如下所示。

（1）修改<～ns-2.35/common/packet.h>文件，（其中红色部分为新添加或修改部分）：

```
static const packet_t PT_AOMDV = 61;
static const packet_t PT_LEACH-ML = 62;
//insert new packet types here
static packet_t PT_NTYPE = 63; //This MUST be the LAST
one

name_[PT_AODV]=" AODV ";
name_[PT_LEACH-ML]=" Leach-ml ";
```

（2）修改<～ns-2.35/tcl/lib/ns-lib.tcl>文件：

```
AODV{
    set ragent [$self create-aodv-agent $node]
```

```
    }
    Leach-ml {
        set ragent [$self create-leach-ml-agent $node]
    }
    AOMDV{
        set ragent [$self create-aomdv-agent $node]
    }
    ……
    Simulator instproc create-aodv-agent { node } {
        #Create AODV routing agent
        Set ragent [new Agent/AODV [$node node-addr]]
        $self at 0.0 "$ragent start" :#start BEACON/HELLO
Messages
        $node set ragent_ $ragent
        return $ragent
    }
    Simulator instproc create-leach-ml-agent { node } {
        #Create Leach-ml routing agent
        Set ragent [new Agent/ Leach-ml [$node id]]
        Puts "-----------[$node id]---------------"; #
测试
        $self at 0.0 "$ragent start" :#在 0.0s 启动协议
        $node set ragent_ $ragent
        return $ragent
    }
```

（3）修改<～ns-2.35/tcl/lib/ns-packet.tcl>

```
    ……
    LRWPAN # zheng , wpan/p802_15_4mac.cc
    Mac # network wireless stack
    # Mobility , A d-H oc Networks , Sensor Nets :
    Leach-ml #
    AODV # routing protocol for ad- hoc networks
    Diff usion # diff usion/diffusion.cc
```

```
修改<～ns-2.35/Makefile>
OBJ_CC=\
        leach-ml/ leach-ml.o \
```

（4）编译及运行。

```
make clean
make
ns leach-ml.tcl
```

13.3.4　仿真测试

　　仿真测试的环境是在内存为 2GB，CPU 为 Intel（R）　Core（TM）i5-2400 3.1GHz 的 PC 机上安装了 fedora10.0。进行相应的加载和配置完后，编译源程序，再在 NS2 下运行编写的 otcl 脚本，并根据需要对 otcl 脚本进行相应修改，再次重新编译运行。为了使得结果更为精确，需要多次调整参数，以达到对算法性能的充分掌握。最后得出了 LEACH-ML 算法和其他算法的对比的仿真结果。

　　编写完文件 leach-ml.tcl 后，开始仿真，操作命令：ns leach-ml.tcl。等仿真结束后，NS2 会生成两个文件：数据跟踪 leach-ml.tr 文件和动画演示 leach-ml.nam 文件。

13.3.5　数据处理与图形表示

　　数据处理部分：由于 leach-ml.tr 跟踪文件把算法运行过程中的事件关联到的数据都记录了下来，而这些数据并不是都有用，所以为了研究该算法的性能，需要选取一部分数据进行分析，这里，运用了数据处理工具 gawk，gawk 的使用是通过编写 awk 脚本结合 gawk 命令来完成的。而 awk 脚本的编写需要根据研究的指标来编写。针对最后仿真的四个指标分别编写了不同的 leach-ml.awk 脚本文件来对从 leach-ml.tr 中整理出需要的数据，在控制台下输入操作命令：gawk –f leach-ml.awk　leach-ml.tr>leach-ml.txt，即可得到的数据存储在 leach-ml.txt 中，然后使用 gnuplot 工具将 leach-ml.txt 中的数据进行图像生成，可以用如下命令 plot leach-ml.txt with linespoint 可以生成一个简单的图像，并且可以设置图像的显示和保存格式。

图形表示部分：在 NS2 终端下，使用命令 nam leach-ml.nam，可以读取 leach-ml.nam 中记录的内容，重现整个仿真过程。

节点布置完毕后，所有的节点都是黑色的，组网过程中，已经加入网络的节点变为蓝色，未加入网络的节点仍然是黑色，组网完成后，所有加入网络的节点都成为蓝色。图 13.2～图 13.5 分别给出了组网初始示意图、组网过程局部程示意图、组网完成后局部示意图、组网完成后全局示意图。

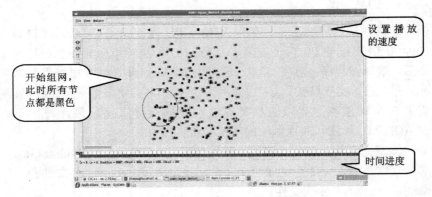

图 13.2　组网初始示意图

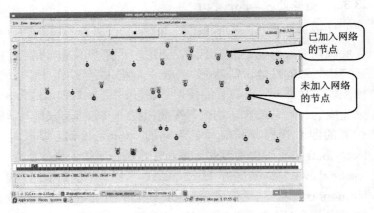

图 13.3　组网过程示意图

194

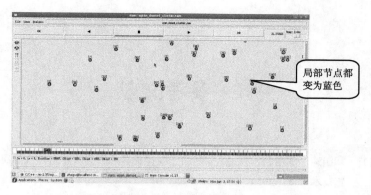

图 13.4　组网完成后局部示意图

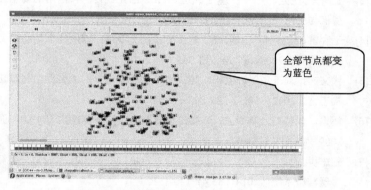

图 13.5　组网完成后全局示意图

参考文献

[1] 刘园莉，李腊元，卢迪. 节能的无线传感器网络分簇路由协议的研究[J]. 传感技术学报，2010，23(12): 1792-1798.

[2] 韩万强. 基于分簇的改进路由协议[J]. 计算机工程，2012，38(5): 105-109.

[3] 王培东，王龙，韩文涛. 基于改进 Prim 算法无线传感器网络的动态分簇[J]. 微型机与应用，2012，31(11): 72-75.

[4] 王春雷，柴乔林，王华，等. 基于分簇的无线传感器网络节能路由算法[J]. 计算机应用，2007，27(2): 342-345.

[5] 代文文，刘玉华，许凯华，等. WSN 中能量均衡的混合路由树算法[J]. 计算机工程，2012，38(1): 87-89.

[6] 胡钢，朱佳奇，陈世志. 无线传感器网络簇间节能路由算法[J]. 通信技术，2009，42(11): 135-137.

[7] 王志勇，孙顺远，等. 一种基于时间延迟机制的 WSNs 非均匀分簇算法[J]. 传感器与微系统，2014，33(4): 146-151.

[8] 孙言强，王晓东等. 无线网络中的干扰攻击[J]. 软件学报，2012，23(5): 1207-1221.

[9] 王巍，等. 基于 WSN 的 AODV 路由协议的研究与改进[J]. 计算机与现代化，2012，(11): 182-186.

[10] 王国军，王田，贾维嘉. 无线传感器网络中一种基于行进启发的地理位置路由[J]. 传感技术学报，2007，20(2): 382-386.

[11] 江有福，吴伟志. 一种基于地理位置的启发式 Adhoc 路由算法[J]. 计算机工程，2008，34(1): 137-139.

[12] 梁小满，王国军，谢永明. 无线传感器网络椭圆绕洞路由算法[J]. 计算机工程，2009，35(12): 78-81.

[13] 王建新，赵湘宁，刘辉宇. 一种基于两跳邻居信息的贪婪地理路由算法[J].

电子学报，2008，36(10): 1903-1909.

[14] Na J，Kim C. GLR. An Geographic Routing Scheme for Large Wireless Ad Hoc Networks[J]. Computer Networks，2006，50(17)，3434-3448.

[15] 张衡阳，王玲，刘云辉. 路标迭代提取和剔除的自适应空洞处理算法[J]. 软件学报，2009，20(10): 2744-2751.

[16] 郝晓辰，翟明，刘彬，等. 负载均衡的无线传感器网络拓扑控制算法[J]. 计算机工程，2009，35(5): 84-86.

[17] 闫斌，周小佳. 一种基于地理位置信息的高能效无线传感器网络[J]. 自动化学报，2008，34(7): 1977-1985.

[18] 熊科，樊晓平.一种基于非均匀分布双簇头的无线传感器网络分簇算法[J].传感技术学报，2008，21(7): 157-164.

[19] 何国圆，陈涤.基于最优簇首的高能效传感器网络路由协议[J].传感技术学报，2008，21(10): 193-198.

[20] 唐启涛，陶滔，伍海波.基于最小生成树的 LEACH 路由算法研究[J].计算机技术与发展，2009，19(4): 81-87.

[21] 裴丽莹，万江文，等. 一种新的无线传感器网络冗余节点融合树算法[J].传感技术学报，2008，21(6): 1113-1123.

[22] YANG Jun，ZHANG Deyun，ZHAGN Yunyi，et al. Cluster-Based Data Aggregation and Transmission Protocol for Wireless Sensor Networks[J]. Journal of Software. 2009，21(5): 1127-1137.

[23] Lopez-Gomez M A，Tejero Calado J C. A lightweight and energy-efficient architecture for wireless sensor networks[J].IEEE Transactions on ConsumerElectronics，2009，55(3): 1408-1416.

[24] Chuan Yu Cho，Cheng Wei Lin，Jia Shung Wang. Reliable grouping GAF algorithm using hexagonal virtual cell structure [J].Sensing Technology，2008，9(10): 600-603.

[25] WU Sanbin，WANG Xiaoming，YANG Tao. Improved GPSR model and simulation analysis[J]. Computer Engineering and Applications，2011，47(8): 100-104.

[26] LIU Yu，ZHAO Zhijun，SHEN Qiang. Energy-aware dynamic load balance routing of GPSR[J]. Computer Engineering and Applications，2011，47(6): 23-25.

[27] HAN Liansheng，LUO Weibing，LI Nan-xiang. Research and improvement of greedy geographical routing protocol[J]. Computer Engineering and Applications，2007，43(36): 160-162.

[28] JI Xunsheng，JIA Yunlong，PENG Li. Double clusterheads routing algorithm based on uneven clustering for wireless sensor networks[J]. Computer Engineering and Applications. 2014，3(12): 82-86.

[29] Zhang X，LU SL，Chen GH，et al. Topology control for wireless sensor networks. Journal of Software，2007，18(4): 934-954.

[30] Majid Ashouri，Hamed Yousefi，Javad Basiri. Ali Mohammad Afshin Hemmatyar，Ali Movaghar. PDC: Prediction-based data-aware clustering in wireless sensor networks[J]. Journal of Parallel Distribute Computer，2015，2(12): 24-36.

[31] Szurley J，Bertrand A，Moonen M. Distributed adaptive node-specific signal estimation in heterogeneous and mixed-topology wireless sensor networks. Signal Processing，2015，7(4): 44-61.

[32] Samaneh Abbasi-Daresari，Jamshid Abouei. Toward cluster-based weighted compressive data aggregation in wireless sensor networks[J]. Ad Hoc Networks，2015，8(36): 368-386.

[33] 高超，程良伦. 一种改进的能量均衡非均匀分簇算法[J]. 工程控制计算机. 2015，28(9): 105-108.

[34] SUN Li，SONG Xizhong. Mulislot allocation data transmission algorithm based on dynamic tree topology for wireless sensor network[J]. Journal of Computer Applications，2015，35(10): 2858-2872.

[35] R Rios，J Cuellar，J Lopez. Probabilistic receiver-location privacy protection in wireless sensor networks[J].Information Sciences. 2015，2(24): 205-224.

[36] Elghazel W，Bahi J ，Guyeux C，et al. Dependability of wireless sensor networks for industrial prognostics and health management[J].Computers in Industry，2015，2(22): 1-15.

[37] Hui Wang，Eduardo Roman H ，Liyong Yuan，et al. Connectivity，coverage and power consumption in large-scale wireless sensor networks[J]. Computer Networks，2014，10(13): 212-227.

[38] Hicham Lakhlef. A multi-level clustering scheme based on cliques and clusters for wireless sensor networks[J]. Computers and Electrical Engineering，2015，7(29): 1-15.

[39] Bushra Rashid，Mubashir Husain Rehmani. Applications of wireless sensor networks for urban areas: A survey[J].Journal of Network and Computer Applications，2015(8): 1-28.

[40] 王志勇，孙顺远，等.一种基于时间延迟机制的 WSN 非均匀分簇算法[J].传感器与微系统，2014，33(4): 146-151.

[41] 刘智珺，李腊元，杨少化. 基于能耗均衡的协议的设计[J]. 计算机工程与设计，2012，33(04): 1337-1341.

[42] LIU Zhi，QIU Zhengding. Ring based multihop clustering routing algorithm for wireless sensor networks[J]. Journal on Communications，2008，29(3): 104-113.

[43] WANG Qingfeng，CHEN Hong. Design and Implementation of Simulation Platform for Networked Control Systems Based on NS2[J]. Journal of System Simulation，2011，23(2): 270-274.

[44] LI li，HUANG Lijing. Routing algorithm study and OPNET simulation of ZigBee wireless sensor network[J]，2013，42(3): 19-22.

[45] 康一梅，李志军，胡江，等. 一种低能耗层次型无线传感器网络拓扑控制算法[J].自动化学报，2010，36(4): 543-549.

[46] Cheng C T，Tse C K，Lau F C M. A clustering algorithm for wireless sensor networks based on social insect colonies. IEEE Transactions on Sensors，2011，11(3): 711-721.

[47] Zhu C，Zheng C，Shu L，等. A survey on coverage and connectivity issues in wireless sensor networks. Journal of Network and Computer Applications，2012，35(2): 619-632.

[48] Martins F V C. ，Garrano E G，Wanner E F，et al. A hybrid multiobjective evolutionary approach for improving the performance of wireless sensor networks. IEEE Transactions on Sensors，2011，11(3): 545–554.

[49] 陶志勇，方宁. 无线传感器网络分布式成簇算法优化[J]. 计算机系统应用，2012，21(7): 56-62.

[50] 李桢，陈健，阔永红.WSN 中六边形集中式分簇多条路由协议[J]. 西安电子

科技大学学报，2012，39(3): 23-28.

[51] 廖鹰，齐欢，王晓红.基于距离和分布的无线传感器网络分簇算法[J]. 华中科技大学学报，2012，40(6): 32-37.

[52] 张科泽，杨鹤标，沈项军，等. 基于节点数据密度的分布式 K-means 聚类算法研究[J]. 计算机应用研究，2011，28(10): 3643-3645.

[53] 潘雪峰，李腊元，何延杰. 低能耗无线传感器网络路由协议研究[J]. 计算机工程与设计，2012，33(4): 1347-1351.`